陕西省科学院科普项目（2020K-17）和西安市科技局科普专项（24KPZT0028）的支持

呵护花草
——养花秘笈300问

主　编　李　艳

副主编　王　庆　刘国宇

编　者　李　艳　王　庆　刘国宇
　　　　　刘安成　赵雪艳　王　莉
　　　　　王　玮　王方圆　卜　洁

摄　影　李　艳

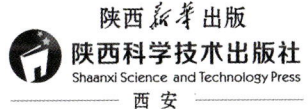

陕西新华出版
陕西科学技术出版社
Shaanxi Science and Technology Press
西安

图书在版编目（CIP）数据

呵护花草：养花秘笈 300 问 / 李艳主编 . -- 西安：陕西科学技术出版社，2024.2

ISBN 978-7-5369-8898-9

Ⅰ．①呵… Ⅱ．①李… Ⅲ．①花卉－观赏园艺 Ⅳ．① S68

中国国家版本馆 CIP 数据核字（2024）第 005149 号

呵护花草——养花秘笈 300 问
HEHU HUACAO——YANGHUA MIJI 300WEN

李　艳　主编

责任编辑	焦　洁	
封面设计	卫晨亮	

出 版 者	陕西新华出版传媒集团　陕西科学技术出版社	
	西安市曲江新区登高路 1388 号陕西新华出版传媒产业大厦 B 座	
	电话（029）81205187　传真（029）81205155　邮编 710061	
	http://www.snstp.com	
发 行 者	陕西新华出版传媒集团　陕西科学技术出版社	
	电话（029）81205180　81205192	
印　　刷	陕西龙山海天艺术印务有限公司	
规　　格	787 mm×1024 mm　　16 开本	
印　　张	16.25	
字　　数	300 千字	
版　　次	2024 年 8 月第 1 版	
	2024 年 8 月第 1 次印刷	
印　　数	1—2000 册	
书　　号	ISBN 978-7-5369-8898-9	
定　　价	98.00 元	

版权所有　翻印必究

前　言

　　欢迎步入这本呵护花草的园艺世界。园艺，简单地说是指有关花卉、蔬菜、果树等的栽培方法，其实它更像是一种生活艺术。它让我们的生活环境变得更美，也给我们的心灵带来平静与满足。

　　作为一名从事园林园艺相关研究工作近30年的研究人员，深知植物对于我们生活的重要性。工作中我接触了很多花卉类型，有观叶、观花、观果的，也有一年生、多年生或者常绿的，植物的特性就如同形形色色的人，既可以分类，又各有特色，每一种植物的潜能都蕴藏在它小小的身体里，不发掘不知道，比如耐热性、耐寒性、耐阴性等等。同时，通过西安植物园的科研园艺科普平台也认识了不少花友，各种各样的养花疑难杂症和答疑解惑让我们深深体会到了养花过程中的幸福和乐趣，同时也感受到了做好家庭园艺需要的耐心和挑战。

　　呵护花草的过程其实也是一种探究方法和改变认知的过程，是内心充满憧憬的学习过程。在这本书中，我们将一起探索家庭园艺的奥秘，解答您在养花过程中可能遇到的各种问题，我们的300个养花问题涉及了200余种花卉，全部都是编者在长期的工作中总结的有针对性的关键问题，每一个问题都是从实际园艺实践中提炼出来的，同时附有多年拍摄积累的700余张照片。整本书从养花的基础知识入手，到栽培方法，再过渡到不同植物的养护技巧，涵盖了从花卉分类、植物的特殊器官、辅助手段、园艺资材到栽培基质、水分供应、营养供应、光温控制、病虫害等多角度的各种疑惑。每种植物都是有个性的独立个体，我们的各论部分将针对观花、观叶、观果植物以及多肉等类别，提供更为专门的养护指导。

这本书旨在为广大爱花者提供一份全面、实用的指导，无论您是初入园艺的新手，还是有着丰富经验的老手，这里都有您需要的信息。它不仅仅是一本问答集，更是一次与自然对话的旅程。在照料植物的过程中，我们不仅培养了耐心和细心，还能深刻体会到生命的奇妙和自然的美妙。每一朵花、每一片叶都有它们的语言，等待我们去聆听和理解。

　　本书的出版得到了陕西省科学院项目（2020K-17）、西安市科技局科普专项（24KPZT0028）的资金支持，同时部分养护要点及研究结果得到了陕西省重点产业链项目（2022ZDLNY03-09）的支持，在此深表感谢。希望这本书能成为您养花路上的良师益友，让我们一起在养花的世界里不断探索、学习、成长，共同呵护我们身边的每一株花草。

　　祝每一位朋友都能成为呵护花草、热爱自然的人，希望您手中的每一盆花花草草都能如愿绽放！

李艳

2024 年 3 月

目 录 / CONTENTS

第一章　基础知识

一、家养花卉的分类 / 3

1. 目前家养花卉能分几大类？阳台结构的不同形成的小气候有什么区别？/ 3
2. 从花市买花卉时应该注意什么？在室内栽培时有哪些注意事项？/ 3
3. 如何充分利用养花区域的空间来装饰居室？/ 4
4. 冬季不同的室温栽培的花卉种类有什么不同？/ 4
5. 养护中导致花卉生长衰败或者死亡最常见的原因有哪些？/ 5

二、植物的特殊器官 / 6

6. 植物的根系有哪些类型？/ 6
7. 有些花卉很漂亮的部位其实不是花，那是什么呢？/ 7
8. 红薯泡在水里可以当作观叶植物欣赏，那是红薯的根吗？/ 7
9. 蔓生的花卉该如何养护？/ 8
10. 我们吃的是红薯的根还是茎？/ 9

三、养花的辅助手段 / 11

11. 养花的辅助手段指的是什么？/ 11
12. 蟹爪兰嫁接到三棱箭的关键技术是什么？/ 12
13. 文竹在养护的过程中需要绑扎吗？/ 13
14. 中国水仙的雕刻原理是什么？/ 13
15. 植物摘心、打顶是什么意思？/ 14

四、园艺资材 / 15

16. 家庭最常用的园艺工具有哪些？/ 15
17. 常用的广谱杀菌剂有哪些？消灭地下害虫的药品有哪些？/ 15

- 18 花盆的类型很多，怎样选择适合自己使用的？/ 16
- 19 家庭居室及庭院养花用的附属资材有哪些？/ 17
- 20 庭院用的小型家用园林机械工具有哪些？/ 17

第二章 栽培方法 / 19

一、栽培基质 / 21

- 21 盆栽植物和庭院室外园地种植用的基质有什么区别？/ 21
- 22 家庭常见的盆栽基质有哪些？/ 22
- 23 人工如何调节栽培基质的酸碱度？/ 22
- 24 盆栽花卉什么时候该换盆？/ 23
- 25 如何换盆不缓苗或者说不影响花卉的正常生长？/ 23

二、水分供应 / 24

- 26 生活中哪些水可以让花卉生长更佳？/ 24
- 27 一些家养花卉对浇花用水有要求，那该怎么改良自来水？/ 24
- 28 如何简单判断花卉的需水量？/ 25
- 29 家庭养花常用的浇水方法有哪些？/ 25
- 30 空气湿度的高低对花卉的外部形态有什么影响？/ 26

三、营养均衡 / 27

- 31 花肥的种类有哪些？/ 27
- 32 N、P、K对植物的作用是什么？如果植物缺失了会出现什么状况？/ 27
- 33 施肥的方法有几种，如何操作？/ 28
- 34 微量元素主要有哪些？缺失了它们植物会有什么表现？/ 28
- 35 家庭如何自制花肥？/ 29

四、温度、光照控制 / 30

- 36 不同花卉对温度的要求不一样，如何简单判断花卉在冬季对温度的基本要求？/ 30
- 37 低温的危害有哪些？寒害和冻害一样吗？/ 30
- 38 高温的危害有哪些？种植温度不适宜时，植物生长会出现什么状况？/ 31
- 39 不同花卉对光线的要求不同，家养的花卉通常放置在哪里比较合适？/ 31
- 40 光照对植物开花有什么影响？/ 32

五、繁殖技巧 / 33

41 怎么让家养的花儿从一变多？繁殖的优缺点都有什么？ / 33
42 什么是留种？种子一般什么时间采收合适？采收后如何贮藏？ / 33
43 种子播种前需要对种子怎么处理？ / 34
44 扦插的种类都有哪些？需要注意什么？扦插成活的关键因素是什么？ / 35
45 压条有几种方法？操作过程有什么区别？ / 36
46 什么叫接穗？什么叫砧木？嫁接的最佳季节是什么时候？ / 36

六、病虫害防治及其他 / 37

47 家庭养花过程中常见的虫害有哪些？怎么防治？ / 37
48 家庭养花过程中常见的病害有哪些？怎么防治？ / 38
49 家庭养花最容易出现黄叶现象，有哪些因素会导致盆花黄叶呢？ / 39
50 家庭养花为什么到了开花季节却不开花？ / 39

第三章 植物各论 / 41

一、观花植物 / 43

51 报春花属植物种类繁多，它们的共同属性有哪些？市场上最常见的有哪几种？ / 43
52 欧洲报春怎么播种？栽培时应注意什么？ / 44
53 宝莲灯开花容易吗？养护中最重要的因素是什么？ / 46
54 宝莲灯花期有多长？如何繁殖？花期过后怎么养护还能让其再次开花？ / 47
55 怎样栽种百合？是要深埋还是浅埋？ / 48
56 百合如何繁殖？ / 49
57 长春花可以修剪吗？如何修剪？ / 49
58 长春花如何越冬？ / 50
59 长春花怎么繁殖？ / 50
60 杜鹃花开完后该如何"照顾"它？ / 51
61 大岩桐花蕾萎缩干枯怎么办？ / 54
62 繁殖大岩桐有哪几种方法？ / 54
63 一枝独秀的大花蕙兰在居室好养吗？购买时需要注意什么？ / 56
64 地涌金莲花开能持续多久？开花后如何养护？ / 58
65 北方室内如何养护地涌金莲？通常怎么繁殖？ / 59
66 常见盆栽家养的锦葵科的花卉有哪些？灯笼扶桑和扶桑有什么区别？ / 59

67	大丽花的主要繁殖方式是什么？什么条件能打破它的休眠？	/ 61
68	养护大丽花常说的"七喜七忌"指的是什么？	/ 62
69	我们常说的小丽花是大丽花吗？	/ 62
70	为什么一到夏天，倒挂金钟就会死亡？	/ 63
71	庭院里早春的浪漫二月兰怎么打理？	/ 64
72	凤梨和我们平时吃的菠萝是什么关系？	/ 66
73	凤梨叶子发黄掉叶怎么办？	/ 66
74	鸿运当头的红色看起来很鲜艳，但是为什么养一段时间颜色会变暗淡呢？	/ 67
75	凤梨是一次性花卉吗？老植株开完花后该怎么处置？为什么家养凤梨不容易开花？	/ 68
76	怎样选购凤梨的盆栽商品植株？	/ 68
77	怎么挑选购买风信子种球？	/ 69
78	水培风信子在小型年宵花中较常见，养护中要注意什么？	/ 71
79	风信子花开后怎么养护第二年还能再开花？	/ 71
80	如何区别四季桂、月桂、银桂、金桂和丹桂？	/ 72
81	盆栽桂花为什么不易开花？	/ 73
82	怎样修剪才能使盆栽桂花树冠丰满？	/ 74
83	蝴蝶兰是一次性花卉吗？	/ 74
84	红掌最具观赏性的像手掌一样的是花瓣吗？能水培吗？	/ 76
85	怎么让红掌在居室养护中常年开花？购买时应该注意什么？	/ 76
86	为什么红掌养一养，"红掌"变成"绿掌"呢？	/ 77
87	为什么红掌的叶片会发黄、变褐色？	/ 78
88	鹤望兰作为高雅的切花品种，家养能开花吗？	/ 78
89	与鹤望兰同属的种都有哪些？鹤望兰和芭蕉是同属植物吗？	/ 79
90	目前市场上商家出售的称为鹤望兰的品种是真的吗？	/ 80
91	荷包牡丹繁殖方法有哪些？	/ 80
92	怎样才能使荷包牡丹花苞大、花蕾多？	/ 82
93	荷包牡丹如何促成栽培？	/ 82
94	红萼苘麻什么季节开花？	/ 83
95	花毛茛有毒吗？适合家庭盆栽吗？	/ 84
96	花毛茛开花后的球根必须挖出来吗？	/ 85
97	盆栽的荷花可以用莲子播种育苗吗？	/ 86
98	金边瑞香名字吉祥，芳香扑鼻，能养在居室吗？	/ 87
99	君子兰为什么会"夹箭"？应该怎么处理？	/ 88

100 君子兰为何多年不开花？/ 89
101 我们所看到的菊花是一朵花还是一个花序？/ 90
102 菊花是怎么分类的？/ 91
103 栽种菊花如何选择合适的花盆？/ 91
104 菊花种植如何浇水？/ 92
105 菊花如何施肥？/ 93
106 独本菊栽培的主要过程有哪些？/ 93
107 菊花的繁殖方法主要有哪几种？/ 94
108 中国兰和洋兰有什么区别？/ 95
109 兰花能结种子吗？种子可以在家里播种出苗吗？/ 97
110 兰花的生态习性是什么？家庭养兰花在光、温、水、气、土方面需要注意什么？/ 97
111 耧斗菜可食用吗？怎样种好耧斗菜？/ 98
112 春天来了，叶片落光的茉莉还有救吗？/ 99
113 如何分清双胞胎姐妹——牡丹和芍药？/ 100
114 木芙蓉在陕西关中相似气候区怎么种植才可以花大色艳、多年观赏？/ 102
115 木芙蓉主要有几种繁殖方法？/ 103
116 家里能养米兰吗？/ 104
117 米兰在室内养护时需要注意什么才能保证不落叶？/ 104
118 马蹄莲有毒吗？室内可以种植吗？/ 106
119 马蹄莲花后怎么管护？/ 107
120 秋海棠类植物主要观赏的部位是什么？都有什么特点？/ 107
121 秋海棠适应什么环境条件？/ 108
122 秋海棠的日常管理最重要的是浇水，如何把控浇水原则呢？/ 109
123 室内秋海棠叶片边缘为什么会干枯？/ 110
124 蟆叶秋海棠是怎么用叶片繁殖的？/ 110
125 如何辨认和养护水仙？/ 111
126 怎样才能让春节开花的水仙连年开花？/ 112
127 水仙必须要养在水里吗？/ 112
128 为什么山茶花有花蕾有时却不能正常开花？/ 113
129 山茶花什么时候施肥合适？/ 114
130 彼岸花是石蒜花吗？/ 115
131 石蒜花栽培容易吗？有毒吗？/ 115
132 水生植物是怎么分类的？哪一类适合在家庭中用器皿种植？/ 117

- 133 睡莲怕冷吗？冬天怎么管理？/ 118
- 134 碗莲在家庭中怎么养护？/ 119
- 135 天竺葵为什么叶子会发黄、干枯？/ 120
- 136 天竺葵适合什么时候修剪？/ 120
- 137 购买人见人爱的仙客来时应注意什么？/ 121
- 138 又美又仙的仙客来有什么特性呢？养护时应该注意什么？/ 122
- 139 仙客来结果实吗？家庭怎么播种繁殖呢？/ 123
- 140 仙客来烂根、叶片和茎发霉腐烂怎么办？/ 123
- 141 绣球不开花是怎么回事？/ 124
- 142 绣球开花时我们看到颜色亮丽、花序硕大的部位是它的花吗？/ 125
- 143 如何预防八仙花叶子发黄、发焦？/ 126
- 144 八仙花的花色如何进行调色？/ 127
- 145 八仙花可以在哪种环境下栽培观赏？都有哪些变种？/ 128
- 146 郁金香种球购买时要注意什么？/ 129
- 147 家养郁金香时要注意哪些才能使其健康生长？/ 129
- 148 郁金香是一次性花卉吗？怎么让它年年开花？/ 129
- 149 郁金香在6～9月有一个自然休眠期，这个期间该怎么养护？/ 131
- 150 郁金香怎么繁殖呢？/ 131
- 151 月季在生长过程中对温度有什么要求？生长的过程是如何随温度变化的？/ 132
- 152 月季在不同生长发育阶段对水分的需求是怎样的？/ 133
- 153 月季花开不断，需肥量较大，如何满足盆栽月季对营养的需求？/ 133
- 154 月季扦插成活的主要因素有哪些？/ 133
- 155 玫瑰和月季是一样的吗？/ 135
- 156 为什么家里的羽扇豆花序低垂或长歪了呢？/ 136
- 157 为什么羽扇豆的叶子会变黄呢？/ 138
- 158 有髯鸢尾和无髯鸢尾怎么区别？/ 138
- 159 鸢尾如何繁殖？/ 140
- 160 鸭嘴花遇到红蜘蛛怎么办？/ 140
- 161 朱顶红都会长子球吗？/ 141
- 162 朱顶红适合种植在阳台，但需要注意什么呢？/ 142
- 163 醉蝶花是非常好的花坛植物，如何繁殖管理它呢？/ 143
- 164 北方栀子花为什么经常落花、落蕾？/ 144
- 165 栀子花最常见的病害是什么？缺少微量元素的表现是什么？/ 144

二、观叶植物 / 146

- 166 龙血树是一种植物还是一类植物？家庭中常见的观赏性龙血树属植物都有哪些？/ 146
- 167 龙血树开花吗？寿命很长吗？/ 147
- 168 龙血树喜欢什么样的环境？家庭养护时需要注意哪些因素？/ 147
- 169 水培龙血树要注意什么？/ 148
- 170 朱蕉属和龙血树属的植物茎干光秃了怎么办？/ 148
- 171 香龙血树和巴西木是一个物种吗？为什么说它"生生不息"？/ 149
- 172 巴西木常用的繁殖方法有哪些？水养巴西木要注意什么？/ 150
- 173 芳香植物和香草的范围相同吗？有什么区别？/ 150
- 174 香草植物在家里养护放置在什么环境下比较合适？平时要注意什么？/ 151
- 175 盛夏常见驱蚊虫的香草植物有哪些？/ 152
- 176 种植薄荷时要注意什么？怎样提高薄荷的繁殖率？/ 154
- 177 马拉巴栗是发财树吗？发财树叶子发黄、变黑、掉落怎么办？/ 154
- 178 广东万年青有毒吗？/ 155
- 179 家庭养护广东万年青时需要注意什么？/ 156
- 180 旱伞草可以浸泡到水里吗？适应多深的水？/ 157
- 181 旱伞草叶子干枯怎么办？/ 157
- 182 移栽的含羞草为什么叶子发黄？适合家庭养植吗？/ 158
- 183 有人说含羞草能够预测地震的发生，是真的吗？/ 159
- 184 活血丹和欧活血丹是一种植物吗？盆栽观赏需要注意什么？/ 160
- 185 假叶树有着扁平正常的叶子，可为什么叫它假叶树呢？/ 161
- 186 假叶树如何繁殖？/ 162
- 187 家庭可以种植的观赏蕨类都有哪些？/ 163
- 188 蕨类植物是怎么完成它的生殖过程的？/ 163
- 189 蕨类植物是靠什么来繁殖的？家庭如何养护它？/ 164
- 200 怎样才能收到蕨类植物的孢子？/ 165
- 201 家庭养护的铁线蕨叶子为什么经常焦边？/ 165
- 202 花市中常常碰见的哪些蕨类植物是保护植物？/ 166
- 203 栽培蕨类植物有哪些要点？/ 167
- 204 过长的绿萝吊兰该如何利用？/ 167
- 205 绿萝常见的品种有哪些？有大叶绿萝和小叶绿萝之分吗？/ 168
- 206 迷迭香的叶子为什么会发黑、掉落？/ 169
- 207 迷迭香适合家庭种植吗？需要注意哪些方面呢？/ 170

208 菩提树开花吗？/ 171
209 菩提树适合家庭种植吗？需要注意哪些方面？/ 172
210 驱蚊香草真的能驱蚊吗？适合室内养植吗？/ 172
211 驱蚊香草家庭养护中需要注意什么事项？/ 173
212 山麦冬是麦冬吗？/ 173
213 水果兰是乔木还是灌木？水果兰怎样种才能生长茂盛？/ 174
214 铜钱草叶子发黄是怎么回事？能够补救吗？/ 175
215 水培铜钱草可以放鱼吗？/ 176
216 如何让文竹在冬天依然秀色宜人？/ 177
217 文竹会开花吗？开花后影响其生长吗？/ 178
218 如何矮化文竹？/ 178
219 为什么橡皮树叶片发黄，会掉叶子？/ 179
220 橡皮树长得太大了，要怎样修剪？/ 180
221 常见的薰衣草有哪些种类？其提取的精油一样吗？/ 180
222 薰衣草的习性如何，种植过程中要注意什么？/ 181
223 鸭脚木怎样控制株高？剪重了还会发新芽吗？/ 182
224 鸭脚木怎样养护繁殖？/ 182
225 一品红像花一样的红色究竟是什么？/ 183
226 一品红的生长习性是怎样的？/ 183
227 室内养植一品红应如何防虫？/ 184
228 一品红有毒吗？适合家庭养植吗？/ 185
229 一品红最主要的繁殖方法是什么，操作时要注意什么？/ 185
230 一品红落叶、落花、落蕾的原因有哪些？/ 185
231 玉簪喜欢大肥大水吗？/ 186
232 如何预防玉簪的叶片枯黄？/ 186
233 玉簪通常有哪些病虫害？/ 188
234 叶子花家庭养植如何繁殖？/ 188
235 叶子花为什么不开花？/ 189
236 盆栽叶子花冬季该如何管护？/ 191
237 为什么风一吹，叶子花花瓣就脱落了？/ 191
238 如何让叶子花在国庆节期间开放？/ 192
239 竹芋属有很多种，最常见的有几种？/ 192
240 竹芋类的观叶植物在居室如何养护？/ 193

三、观果植物 / 194

- *241* 阳台上能盆栽草莓吗？/ 194
- *242* 草莓在入秋后长出很多匍匐茎该怎么办？/ 194
- *243* 如何选购盆栽的金橘？/ 195
- *244* 北方盆栽金橘怎么养护才能挂果？/ 195
- *245* 如何让盆栽金橘多结果？/ 196
- *246* 柑橘属的植物种类很多，为什么有一种叫代代？它的生长习性如何？/ 197
- *247* 杨梅有较高的营养价值，庭院或家庭种植为什么会不结果？/ 198
- *248* 无花果能盆栽观赏吗？怎么能让无花果枝短果密？/ 198
- *249* 珊瑚豆怎么栽种和养护能做到满盆红珠？/ 198
- *250* 家庭阳台盆栽石榴选择什么品种好？/ 199
- *251* 怎样盆栽朱砂根？/ 200

四、多肉植物 / 202

- *252* 如何让吊金钱"枝繁叶茂"？/ 202
- *253* 吊金钱上为什么长了许多小疙瘩？/ 203
- *254* 如何存留金边虎皮兰的"金边"？/ 203
- *255* 虎皮兰可以水培吗？如何操作？/ 204
- *256* 虎刺梅不开花怎么办？/ 205
- *257* 虎刺梅叶子发黄怎么办？/ 206
- *258* 小型观叶植物椒草常见的品种有哪些？养护中需要注意什么？/ 207
- *259* 椒草的茎叶为什么容易变黑腐烂？/ 208
- *260* 多肉植物鸡蛋花盆栽养护要注意什么？鸡蛋花的花能吃吗？/ 209
- *261* 金琥会开花吗？/ 210
- *262* 为什么金琥养一养不圆了，不好看了？/ 210
- *263* 芦荟能开花吗？要想让芦荟开花应具备什么条件？/ 211
- *264* 常见的家庭盆栽芦荟有哪些？库拉索芦荟和木立芦荟有什么药用价值？/ 212
- *265* 球兰怎么种植？怎样发挥球兰特殊的美化效果？/ 212
- *266* 沙漠玫瑰不开花是什么原因？/ 214
- *267* 三棱箭被冻坏后，上面的接球还有救吗？/ 215
- *268* 石莲花是生石花吗？/ 216
- *269* 为什么称昙花为"月下美人"呢？怎样才能在白天欣赏到它的风采呢？/ 218
- *270* 令箭荷花跟昙花是一回事吗？/ 218
- *271* 熊童子夏天应该怎么养？/ 219

- 272 如何进行熊童子的扦插繁殖？/ 220
- 273 蟹爪兰的"叶片"是真正的叶子吗？为什么叫"蟹爪兰"？/ 220
- 274 长势很好的蟹爪兰为什么不开花？/ 221
- 275 如何辨识蟹爪兰和仙人指？/ 222
- 276 入冬后的蟹爪兰或者仙人指为什么会落蕾？/ 223
- 277 燕子掌和玉树是一回事吗？/ 223
- 278 燕子掌落叶怎么办？/ 223
- 279 长寿花如何繁殖？/ 224
- 280 长寿花室内养护经常会呈松散状态，该如何让它复壮更新？/ 225

五、其他 / 226

- 281 中国十大传统名花是什么？十八学士指的是哪些花卉？/ 226
- 282 花卉品种和花卉种质资源有什么区别？/ 226
- 283 花卉在育种工作中，品种改良的目标包括哪些？/ 227
- 284 花卉种质资源中乡土花草的地位如何？今后该怎么做？/ 227
- 285 铁筷子属植物种类繁多，它在世界上是如何分布的？/ 227
- 286 铁筷子作为单属种的乡土花卉，它的优缺点有哪些？如何在家庭园艺中应用？/ 228
- 287 什么是蔬菜花卉？它的特点是什么？/ 229
- 288 蔬菜花卉有哪几大类？都有哪些代表性的植物？/ 229
- 289 蔬菜花卉在家庭园艺栽培条件下要注意什么？/ 230
- 290 什么是食虫植物？主要有哪些种类？/ 230
- 291 食虫植物是怎么捕食昆虫的？/ 231
- 292 食虫植物在家庭中怎么养护？/ 233
- 293 不是所有的植物都适合水培，哪些植物可以水培呢？/ 234
- 294 水培花卉养护中有哪些注意事项？/ 235
- 295 什么样的植物材料可以用来插花？/ 236
- 296 鲜花、干花和人造花在插花中的区别是什么？/ 236
- 297 什么是瓶景？如何制作和管理瓶景？/ 237
- 298 屋顶花园在设置时应注意什么问题？/ 238
- 299 种植草坪有哪些方法？/ 239
- 300 如何进行草坪的管理？/ 241

植物名录 / 242

参考文献 / 246

第一章 基础知识

一、家养花卉的分类

1 目前家养花卉能分几大类？阳台结构的不同形成的小气候有什么区别？

家养花卉的分类依据不同，分出的类别也就不同，从大类上可分为草本和木本两大类型。如果从生态习性来分又分为露地花卉和温室花卉；如果从观赏角度又可分为观花、观叶、观果、观茎花卉等；如果从经济用途来分又可分为药用花卉、香料花卉、食用花卉等。

阳台养花和温室、庭院养花不同，阳台一般是混凝土结构，吸热快、散热慢，蒸发量大，空气干燥，而且阳台朝向不同，光照条件各异。因此在了解植物习性的同时也应了解自家阳台的特点，选择适宜的花卉种类。一般南向阳台光照强，温差大，宜选择喜光耐高温的花卉。东向或西向的阳台，上午或者下午光照充足，特别是西向的阳台，可以选择藤本或攀援花卉来遮阴降温。北向阳台光照少，阴凉，则应选择喜半阴或者耐阴的花卉。同时，阳台花卉的空间布置也有讲究，通常上层种植阳性花卉或垂吊植物，下层种植耐阴花卉，中间可以栽种中性花卉。

2 从花市买花卉时应该注意什么？在室内栽培时有哪些注意事项？

在花市购买花卉时通常易被绚丽的花朵及形态各异的叶片所吸引，但在购买之前需要考虑下面几个问题：① 怎么带回家？这看似不是个问题，但有些细节需要注意。比如装车前需要用纸包一下，以免车在行驶过程中把叶片枝条碰伤或者被风吹坏。特别是冬季一定要做好保温工作，夏季要做好遮阴降温以及防风措施。② 了解花草对环境的要求。通常耐寒的不需要冬天加温，怕冷的尽量放在室内相对暖和的地方；喜阴的在夏季不要让阳光直射，喜阳的需要充足的光线等等，尽量提供一个更接近其需求的环境。③ 从花市到居家环境的变化需要花卉有个适应的过程。温棚光线充足，空气湿润，而居家或者办公室环境条件刚好相反，所以一般花卉换了新环境，整体生长状态会有一个变化，随着精细和持续的养护，很多花卉也会逐渐适应新的环境。最初的1～2周建议放在稍阴的环境，避免阳光直射和较高的温度，不宜多浇水，保持基质湿润即可。有些娇贵难养的花卉，基部叶片发黄或者脱落1～2片也是正常现象，可以根据植物的习性适当变换一下放置的环境。

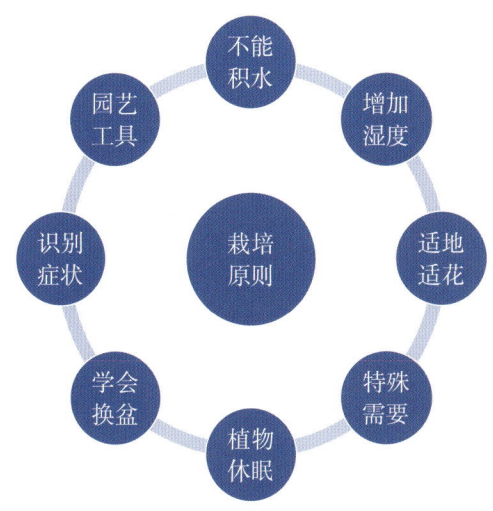

3　如何充分利用养花区域的空间来装饰居室？

居室可以养花的区域大多数都是南向窗台或阳台，这里光线相对充足，温差小，通风良好，北阳台、东西窗台甚至室内也可以养护适宜的花草，所以养花空间的合理布局就显得比较重要，空间布置得恰当合理，可以有效改善室内的气氛和小气候。比如可以根据建筑的形式、家具的摆放、整体的色彩等多方面因素，利用每种花卉对光的喜好程度，巧妙地利用阳光和室内照明以及墙角、转角等空间，通过垂吊植物如吊金钱（*Ceropegia woodii*）、吊竹梅（*Tradescantia zebrina*）等；攀援植物如球兰（*Hoya carnosa*）、合果芋（*Syngonium podophyllum*）等；彩叶植物以及应时花卉等；用单盆、种植槽、装饰用吊篮、透明容器以及支架、屏风等工具把上下空间合理分配利用，用个人的审美视角来美化、优化居室环境，构造舒适、实用，富有植物灵动和艺术气息的居室氛围。

4　冬季不同的室温栽培的花卉种类有什么不同？

温度的周期变化分为年周期和日周期变化。一般原产于温带地区的花卉表现为春天发芽，夏天生长旺盛，秋季生长缓慢，冬季进入休眠。但也有些花卉在夏季高温季节进入半休眠状态，如仙客来、郁金香、水仙等。通常这种休眠方式是植物生理功能在不利环境条件下的代谢平衡，天气转凉后，休眠结束，这些花卉重新开始生长，且长势十足。以上都是针对年周期的温度变化。其实日温变化也很普遍，白天高温有利于光合作用及生理作用，夜间低温有利于积累有机物。对很多球根花卉来讲，昼夜温差越大，生长发育得就越好，比如为使百合、郁金香、唐菖蒲、水仙在春节开花，必须要经过春化作用；两年生花卉（秋季播种，翌年开花）需在0～5℃的低温环境中生长一段时间后才能有花芽分化；碧桃、丁香若不经过冬季的低温，春季的花芽便不能正常开放等。

5 养护中导致花卉生长衰败或者死亡最常见的原因有哪些？

很多养花人在养花初期都会碰到很多养花烦心事，比如越是珍爱越是用心养护的花草反而越容易出毛病。究其原因，除了不熟悉植物的生长习性外，还有以下几种常见的错误养护方法或应注意的事项。① 盆土缺水或者浇水过多都会导致叶片发黄甚至死亡。有些植物在冬季不需要太多的水就可以存活，但旺盛的生长季节缺水，生长会停滞，叶片会枯萎。② 夜间低温是指低于其最低生长温度，会给植物造成伤害。③ 进入深秋或初冬，及时查看天气预报，了解霜冻时间，提前将放在阳台外侧

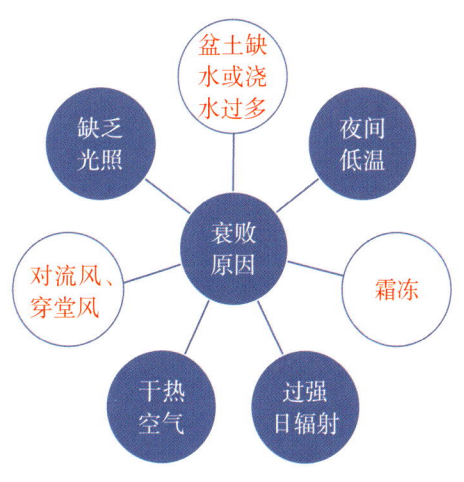

或者院子的花草挪进室内，以免寒流和霜冻对花草地上部分产生危害。④ 夏季强光下，有些植物需要适度遮阴，否则暴晒会导致叶片灼伤，甚至伤害到植物的根系。⑤ 冬季北方供暖会让室内空气湿度降低很多，这对很多植物都是致命的打击，所以要增加室内的空气湿度，或者增加花草周围小气候的空气湿度。⑥ 寒冷的冬季，当室外温度低于室内温度时，打开窗户会产生对流风或者窗外的小贼风都会对娇贵怕冷的花草造成伤害，建议通风时先临时移走花草。⑦ 若室内光线长时间处于不足状态，花草的叶片就会变小、叶色就会变淡，节间徒长，难以开花。所以需要定期更换位置，让其有充足的光照时间以恢复生机。

二、植物的特殊器官

6 植物的根系有哪些类型？

植物的根是其吸收营养及水分的重要器官之一，主要分为主根、侧根和不定根。当种子萌发的时候，首先突破种皮向外生长，并不断垂直向下生长的部分即为主根，之后随着主根的生长，其侧面开始生出一些分枝，这些分枝即为侧根。那不定根又是什么呢？它既不来自主根，也不来自侧根，而是从茎或者叶上长出的根，比如蝴蝶兰的气生根或者我们在扦插枝条、水培植物的时候，插穗或者植株基部长出的根等都属于不定根范畴。

根系又是什么呢？简单讲根的总和就是根系。根系分为直根系和须根系，二者最主要的区别就是有没有明显发达的主根和侧根，有明显主根和侧根的称为直根系，如蒲公英和很多豆科的植物等。无明显主根和侧根的，即主根不发达，或者根系全部由不定根及其分枝组成的，像胡须一样，称为须根系，如小麦、水稻等很多单子叶植物的根系。

我们再来了解一下根与不同植物之间的关系，这样就能给养护花花草草一些科学的提醒。根有向地性，旱生植物主根扎得更深、侧根铺展得更广，根部木质化，而且还有能储水的根，以此来抵御干旱的环境。水生植物的根不发达，在形态、构造及功

榕树的气生根

能上都有退化，其中沉水植物整个植物都可吸收营养和水分，根则主要起固定作用，如苦草、狐尾藻等。漂浮植物根系退化成须根状，主要起平衡和吸收营养的作用，如睡莲、凤眼莲等。

7 有些花卉很漂亮的部位其实不是花，那是什么呢？

观赏植物通常分为观花、观叶、观果等，在观花植物中，我们看到的姹紫嫣红、吸引人眼球的形态各异的"花"有些其实不是植物真正的花瓣，比如一品红、三角梅、四照花、珙桐等，特别是有"中国鸽子树"美誉的珍稀植物活化石珙桐最为著名，因其"花朵"硕大洁白，犹如群鸽飞舞，我们看到的这些植物最具观赏性的红的、白的、粉的、黄的"花"实际上是苞片，

一品红观赏部位是红色的苞片

真正的花在苞片里，很小，很不起眼。再比如凤梨、姜荷花等，我们看到的所谓的"花"实际上是五彩斑斓的穗状花序，由穗状花序的花苞片螺旋状排列且花茎长的为星形系列，如果子蔓凤梨。穗状花序的花苞片覆瓦状排列且花序轴节间短的为剑形系列，如莺歌凤梨。花序短形成头状的为头状系列，如火炬凤梨和粉菠萝。还有一种穗状花序垂下来的，如水塔花等。还有亭亭玉立的姜荷花，我们欣赏的主要是不可育苞片，就如同初开的荷花一样，因此得名。姜荷花的"花"其实也是穗状花序，花序下部为可育苞片，苞片内才是真正的花。

8 红薯泡在水里可以当作观叶植物欣赏，那是红薯的根吗？

植物根的形态有好多种，为了适应环境的变化，形态构造产生了许多变态，常见的有下列几种：

（1）储藏根：根的一部分或全部成为肥厚的块状或者肉质等，储藏有丰富的营养物质，如大丽花、铁筷子、何首乌等。

（2）气生根：生长在地面以上空中的根，这种根在生理功能和结构上与其他根有所不同，有支持根、攀援根、呼吸根等。支持根就是不定根伸入土中，继续产生侧根，成为增强植物体支持力量的辅助根系，如玉米、榕树、甘蔗等。攀援根的顶端扁平，

红薯可以观叶

有的成为吸盘状，以固着在其他树干、山石或墙壁表面而攀援上升，有攀援吸附作用，如常春藤、爬墙虎、络石等。呼吸根指分布在沼泽地区或海岸低处的一些植物，其根系中有一部分向上生长，露出地面，成为呼吸根，如红树等。

（3）寄生根：植物茎上产生的起寄生作用的不定根称为寄生根。寄生根构造简单，除少量输导组织外并无其他复杂构造。如菟丝子等。

所以，我们吃的红薯属于储藏根中的块根。

9 蔓生的花卉该如何养护？

很多蔓生的花卉既可以在家里作为盆栽观赏，也可以在庭院里作为地被植物覆盖地面而代替草坪，特别是一些本土的匍匐性植物如果进行混种，其自然式地被相对于单纯的草坪来说更能够体现生态友好性，也可以增加植物的多样性和层次结构，这种稳定植物搭配既能增加景观的自然性、季节性的变化，也可以降低养护成本，减少修剪、除虫、松土等工作频率，且具有良好的自我更新能力。

这些蔓生花卉的繁殖方式大致相同，即压条，将其匍匐茎或者纤匍枝平放于潮土上，覆盖薄土以压稳枝条后等待枝条节结生根即可。部分具有粗壮匍匐枝的物种还可将粗壮枝条剪下后离开母体进行压条，采用这种方法时草本蔓生花卉生根较快，木本类则较慢。有些是需要将其地下根状茎挖取并按芽点截断进行分株繁殖的。通常用育苗托盘繁殖，将压条枝条横埋在盘中即可，方便快捷。生根长满整个容器后，可以直接作为地被植物进行造景用。

蔓生的常春藤做地被植物

10 我们吃的是红薯的根还是茎？

这个问题的答案是形如叶的茎或枝，这也是假叶植物的奇特魅力。说起假叶植物，很多人以为是很稀有的植物，但实际上它跟我们最熟悉的文竹、天门冬、昙花、假叶树、蟹爪兰、扁竹蓼等植物都是息息相关的。这些植物的"叶子"其实只是假叶，都是由茎或枝演化而来，属于地上变态茎。它们正确的名字叫叶状茎（枝），执行着叶的功能，代替叶片进行光合作用，而真正的叶子早已退化甚至消失。

叶状茎（枝）虽然长着叶片的模样，但其上面依然可以开花、结实，有时还会有暂存的叶片，这就是植物学上所说的器官变态。器官变态后，一般都执行与原有作用不同的功能。据相关研究报道，叶状茎（枝）在变态过程中，维管束排列的次序虽受到了影响，但其中多数木质部排列的方向在远轴面。这说明，叶状茎（枝）外形上似叶，而内部结构却是茎，只是它特有的绿色组织要比一般茎发达。假叶植物为了适应炎热、干旱的生长环境，当水分奇缺时，叶状茎变得很薄；水分剧增时，叶状茎则大量吸水、贮水，变得又肥又厚。比如假叶树（*Ruscus aculeatus* L.），它原产于西欧和地中海沿岸地区，为了适应当地气候条件，其叶片退化成干膜质的小鳞片，小枝则变态成扁平的卵圆形，深绿色、硬革质，完全像一片片叶子。这种变化既有利于减少水分的蒸腾，

扁竹蓼全株

又有利于营养物质的积累。叶状茎（枝）的存在也生动地说明了植物器官形态结构和特殊环境长期适应、统一的结果。

正是因为有了这些叶状茎（枝），我们才看到了植物界里有趣的"叶上开花"现象。比如假叶树，其花小，白色，花被长1.5～3 mm，簇生于叶状枝中脉的中下部。昙花（*Epiphyllum oxypetalum*（DC.）Haw.），有"月下美人"之美誉，花自叶状枝边缘的小窠发出，花蕾红色，呈下垂状，绽放前则向上弯起。扁竹蓼（*Homalocladium platycladpkkum*），叶退化，有时能看见几片披针形的小叶片。幼枝扁平，多节，绿色，形似叶片，其淡红色或绿白色的总状花序就簇生在新枝的节上。这些假叶植物乍眼一看，花不是开在"叶片"中部的"叶脉"上，而是开在"叶缘"处，会让人错以为叶上开花，奇特瑰丽。

扁竹蓼的叶状茎

三、养花的辅助手段

11 养花的辅助手段指的是什么？

养花过程中有很多技术和技巧，掌握了这些可以及时调整植株的生长势，促进其生长开花，让花儿姿态更优美。下面介绍几种常用的方法：

（1）修剪：主要有两种，一是短截，即将枝条先端剪掉一部分，这个过程的操作要注意两点，修剪时间和留芽方向。当年生枝条开花的种类春季修剪，两年生枝条开花的种类花后修剪；想让整个株型向上生长则留内芽，想要扩大冠幅向外生长则留外芽。二是疏剪，即将病虫枝、枯枝、重叠枝和细弱的枝条自基部剪除。

（2）摘心：用手指摘去嫩梢顶部的芽。主要作用是去除顶端优势，促进侧芽萌发，

水仙雕刻

水仙雕刻

矮化植株，调整花期。

（3）剥芽或剥蕾：剥芽就是剥除侧芽的过程。当侧芽太多时，因营养分散，常影响主芽的生长发育，同时也影响通风透光，容易引起病虫害。剥蕾指侧蕾长到一定大小时，用手剥除的过程。侧蕾不及时去掉会影响主蕾的生长，影响开花质量。

（4）嫁接：将一种植物的枝或芽接到另一种植物的茎或根上，使之愈合形成一个独立的新个体。其中前者叫"接穗"，后者叫"砧木"。用枝条为接穗的称为"枝接"，用芽为接穗的称为"芽接"。

（5）雕刻：最常见的就是水仙的雕刻。主要是利用雕刻刀去除鳞茎叶，改变生长形状，促进提前开花，同时利用扭转、弯曲等形成多种造型，提高观赏价值。

（6）绑扎：属于整形中的人为手法，利用枝条的柔韧性用竹片、铅丝、棕线等，整成想要的形状等。

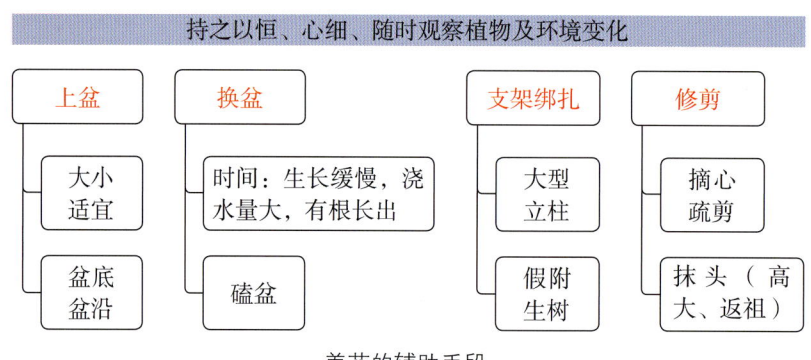

养花的辅助手段

12　蟹爪兰嫁接到三棱箭的关键技术是什么？

蟹爪兰可以用扦插或者嫁接的方法进行繁殖，但是扦插繁殖生出的根系不发达，成活后生长缓慢，开花较迟较少，所以不多采用。通常用嫁接的方法，当年即可开花。一般嫁接到三棱箭上可使用顶端接法和侧棱接法两种方法，嫁接时间全年都可以，但4～5月份成活率最高。

（1）顶端接法：用三棱箭做砧木，老点、嫩点的都可以，从三棱箭顶端横切一刀，露出髓芯，一般来说髓芯越小越好，从髓芯内的任何地方竖直向下轻切一刀。接穗的挑选至关重要，一定要在生长健壮的植株上选狭长厚实的茎叶，两三片即可，这样的叶片易于切削。通常从下向上轻削叶片，一刀成楔形。然后把削好的叶片迅速插到三棱箭的切口中，用手捏住固定半分钟，再用仙人掌刺或者细针横穿固定。

（2）侧棱接法：从侧棱接一定要从三棱箭的刺座处入刀，成45°角切向中心，要轻切以免切断髓芯，从切口插蟹爪兰一定要深直达髓芯。如果砧木太粗，插不到中心，也没关系。因为刺座处也有髓芯通往中间的髓芯上，45°角下刀的目的就是让蟹爪兰的形成层和砧木的形成层交错在一起，便于愈合。

嫁接后，先放到半阴处，10天左右即可愈合成活。嫁接可以分层，形成层层伞盖，多层开花。

13 文竹在养护的过程中需要绑扎吗？

文竹是家庭养花中比较常见的传统花卉，也是一种攀援植物。盆栽观赏喜欢阳光充足的环境，夏季要遮阴。不宜施用大肥，一般每个月追施一次腐熟的液肥即可，以便控制其蔓枝过早生出。一般栽培两年以上的大盆枝条就会变长，如果蔓枝已经生出，可以悬垂栽培观赏；也可以从茎上10 cm处剪去蔓枝，这样在主枝节上就会长出平展的枝叶。如果还想保留蔓枝，这个时候就可以借助支架进行绑缚造型了。另外，文竹也有好几个栽培变种，其中一种叫矮文竹（*Asparagus setaceus*），其叶状枝细密而短小，比文竹生长缓慢，这个栽培品种就不需要绑扎造型。细叶文竹（*Asparagus setaceus* var. *tenuissimus Hort*），叶状枝比文竹细，亮绿色，这种也不需要绑扎。

14 中国水仙的雕刻原理是什么？

中国水仙的雕刻主要针对的是水仙的花和叶，使其达到艺术造型的目的。雕刻是通过刀刻或者其他手段的机械损伤以及阳光和水分的控制让水仙的叶和花矮化、弯曲、定向、成型，然后让根部垂直或者水平生长，球茎或者侧球茎按照所需的造型进行养护、固定。雕刻主要利用植物的趋光性控制水仙的生长以便达到所需的造型，过程是使其器官的一侧或者一面受损伤，在愈合的过程中，受伤的一面或者一侧生长速度减缓，未受伤的一侧正常生长，即生长速度较快。这样叶片或花梗就会发生偏向生长，即向受伤的一侧或者一面弯曲。

另外，水仙雕刻的时间选择也很重要，雕刻前根据开花需要来进行时间预测，雕刻后经过水养使其在预定的时间吐蕊开花。如希望在春节期间开花，则温度控制在20～25℃，春节前24～26天开始雕刻、水养即可。如果想反季节栽培养护，也可以将水仙球茎在国庆节前后放入冷库或者冰箱低温贮藏，到来年3～7月再进行雕刻水养。

15 植物摘心、打顶是什么意思？

植物摘心就是我们所说的打顶，是花草养护过程中常用的修剪方法之一。就是对当年萌发的新枝打去顶尖，将植株最顶端的生长点进行摘除，目的就是为了控制植株高度，有利于加粗生长，加速果实发育，让植物枝条更多，开花更多。由于每种植物生长期都不同，一般摘心都是在幼苗期间进行，时间在生长期和休眠期均可。摘心要根据不同植物的开花和结果时间来决定最后一次的摘心时间，摘心结束后应重点养护茎部的伤口，防止感染病菌。

常见需要摘心的花卉有长寿花、波斯菊、矮牵牛等。摘心的过程中要注意以下几点：① 摘心后要有充足的光照，否则新萌发的侧枝容易徒长。② 观果类的花卉如果顶端有坐果花序，要在其上保留3～4片叶子，以免晒伤后果实生长缓慢。③ 摘心时间宁可晚一些也不要太早，否则会影响根系生长，导致长成弱苗。

四、园艺资材

16　家庭最常用的园艺工具有哪些？

居家养花少不了要跟土、盆、水等辅助材料打交道，除了这些还有一些实用的养花小工具，喜欢或者准备养花的朋友可以准备一些，方便园艺操作。① 长嘴浇水壶。主要给盆花浇水用，方便下部枝繁叶茂的植物浇水时不洒到外面。② 喷壶。有两种，一种细喷壶，出水细密，主要用于扦插枝条或播种时用，不会冲坏基质。另一种是粗喷壶，用于刚上盆的花苗用，喷叶子及全株以及地面。③ 花铲。移栽花苗用，主要是上盆、换盆或除草用。④ 枝剪。修剪枝条、整形、扦插用。⑤ 小手锯。用于较粗木本花卉截干和嫁接用。⑥ 嫁接刀。常用的有劈接刀、切接刀和芽接刀三种。⑦ 环剥刀。用于花木的高枝压条。⑧ 毛笔。进行人工授粉用。⑨ 温度湿度计。用于观察室内的温湿度用。⑩ 量杯。配制药液用。

17　常用的广谱杀菌剂有哪些？消灭地下害虫的药品有哪些？

花卉经常受到真菌、细菌或者病毒侵染产生炭疽病、黑斑病等各种病害，通常用各种杀菌剂对症治疗。最早在1851年，法国人发现石硫合剂有杀虫杀菌效果，1882年，法国人发明了波尔多液的配方，这两种药剂至今在农业中广泛应用。其中石硫合剂是生石灰、硫黄粉和水按照一定比例熬制而成，防效全面，病虫兼防，同时取材方便、价格低廉。波尔多液是硫酸铜、熟石灰按照一定比例配制成的蓝色胶状悬浊液，属于无机铜素杀菌剂，呈碱性，有良好的黏附功能。除以上两种常用无机杀菌剂外，还有其他类别的有机合成杀菌剂：如代森锰锌、克菌丹等有机硫类，多菌灵、苯菌灵等氨基甲酸酯类，乙酸铝、甲基立枯磷等有机磷类，苯醚甲环唑、丙环唑等三唑类杀菌剂。因为每一种杀菌剂有的同时对真菌、细菌和病毒都有效，有的只对某一类病原菌有效，因此大家在选用时首先判断好病害类别，然后再有针对性地按照说明选择用药。

地下害虫最常见的是蝼蛄、蛴螬、地老虎、白蚁等，主要是在某个阶段危害植物的地下部分，有的时候也危害种子、幼苗或者近土表的主茎。通常有几种防治办法：呋喃丹或者吡虫啉颗粒剂按照一定比例拌土；辛硫磷按一定比例配制溶液灌根；用黑光灯诱杀成虫等。

18 花盆的类型很多，怎样选择适合自己使用的？

根据不同的花卉选择合适的花盆来栽培，选择花盆时应注意以下几个原则：① 根据生态习性选择不同质地的花盆。如兰花盆、盆景盆等。② 根据株型高低、冠幅的大小以及根系的深浅来选择相宜的花盆。如刚移栽的小花苗，要用小花盆来栽植，根据生长情况随时调整，如果一次就用较大的花盆，不仅头轻脚重不美观，而且透水透气性降低，影响小苗生长。相反又会头重脚轻，影响根系生长发育，进而影响正常生长。

现在市面上花盆种类很多，介绍几种常用的家用花盆：① 瓦盆。传统花盆，价格低廉，通气透水，吸热散热都快，适宜花卉生长。缺点就是质地相对粗糙些。② 紫砂盆或陶瓷盆。这类花盆素雅大方，样式多，色彩柔和，装饰效果好，有一定的透水透气性，但比瓦盆差一点。③ 塑料盆。分两大类，一类制作相对精良，色彩鲜艳，外形美观，适宜居室装饰；另一类就是生产上常用的双色盆或白色单色盆等。④ 木盆或吊篮等。透水透气性好，质地也相对牢固，有一定的艺术感和装饰价值，有的时候也可以做套盆用。

花盆
·陶盆、紫砂盆、瓷盆、塑料盆、木桶

套盆
·套盆内径要比花盆外径大3～6 cm，且比花盆高

容器
·无排水孔，用于水培，下部可铺陶粒等

花盆的类型

19　家庭居室及庭院养花用的附属资材有哪些?

花卉种类繁多，直立的、攀援的、草本的、木本的、喜光的、耐阴的、耐寒的、怕冷的等，形态特征和生态习性均有较大差异。因此，为了便于栽培管理，除了花盆、基质、肥料和一些必备的小工具以外，还要一些相关资材备用。

（1）花架：利用各类支架和多种花卉打造阳台或居室绿色生态小环境。架子上放置喜光的种类，架子下放置耐阴的种类，还可以用藤本花卉特制的支架表现藤本花卉的特点。花架的材料可以是木质、塑料、铁艺、竹子等。

（2）帘子或遮光网：主要是夏季阳光直射，耐阴的花卉会受到强烈日光的照射，导致叶片发黄或者造成灼伤，所以这些资材主要用来临时遮阳用。

（3）塑料薄膜：有两种用途，一种用途是可以在播种或者扦插枝条的时候，用薄膜保湿用，有利于出苗和生根；另一种用途是可以用来保护冬季庭院种植的一些相对怕冷的苗木，用薄膜套住可以防止寒冷冬季的冷风吹袭，特别是早春的冷风。

（4）黄粘板和蓝粘板：粘虫板是诱杀害虫的一种成本较低的绿色防控手段，用途广泛，常用的有黄色、蓝色两种，颜色不同引诱的虫的种类不同。黄色的范围广一些，可以诱杀各类小飞虫、小黑虫，如白粉虱、蚜虫、蓟马等；蓝色具有一定针对性，诱杀集中，主要诱杀蓟马和各类螨类，如潜叶蝇等。

（5）贮水罐：不管是在室内还是庭院都需要，主要是用来蓄积自来水和雨水。

（6）LED植物生长灯：LED植物生长灯可以模拟阳光的特定光谱成分，目前在室内园艺资材中具有一定的优势，比如放置在室内的长日照植物以及家庭或室内无土栽培设施中都需要用它来补光，只有这样植物才能正常生长、开花、结实。

（7）涂层遮光布：主要作用是完全遮光，促成栽培用。

20　庭院用的小型家用园林机械工具有哪些?

小型家用园林机械目前在国内家庭中应用还不广泛，但在城市园林绿地养护中经常要用到，比如草坪打理、绿篱修剪等。下面介绍几种家用工具，或许庭院花草养护时能用上，这些工具类型有的加汽油，有的是采用清洁环保的动力源，如锂电动力，相对小巧、方便。

① 小型家用割草机：又称锄草机、剪草机、草坪修剪机等，主要用于庭院、绿地、果园等除草的机械工具。② 小型家用绿篱机：也叫割灌机，用来修剪绿篱墙。③ 园林吹风机：主要用于清理藏匿于灌木丛中或灌丛下的枯叶等。

第二章 栽培方法

一、栽培基质

21 盆栽植物和庭院室外园地种植用的基质有什么区别？

栽培基质是提供植物营养、保证其正常生长的来源，室外庭院种植的花草依靠外界园土，且根系生长不受限制，多余的水分会依靠土壤的渗透及缓冲能力自行缓解。室内盆栽植物因为花盆体积有限，所以栽培基质有限，对水分、肥料和透气等缓冲能力较差，时间长久了，营养供应也会渐渐缺失。因此，盆栽植物用土要求就相对比较严格。随着园艺行业的持续发展，各种腐叶土、腐殖质、椰糠、珍珠

传统盆栽用土
- 无腐叶土、堆肥土、细沙土、塘泥块

人工培养土
- 泥炭土、珍珠岩、蛭石和煤灰渣、河沙、树皮、泥炭藓和蕨根、椰糠

栽培基质分类

树皮

椰糠

水苔

蛭石

岩、泥炭、陶粒、煤渣、蘑菇渣、细沙等通过各种比例搭配，都能让盆栽植物生长得很好。那么盆栽用土到底需要具备什么样的特性呢？以下几点可以为大家提供一个参考，在盆栽花草时，根据其习性和要求按照不同比例配制不同需求的基质，以满足生长需求。① 盆栽用土能供给植物根系充足的水分和空气，同时能解决二者的矛盾。一般需要25%的孔隙含空气，25%的孔隙含水分。② 有较强的储藏养分的能力，且易吸收并释放养分，pH值较为平稳。③ 支撑植物的作用较好。④ 配好的营养土重量较轻，减轻劳动强度。

22 家庭常见的盆栽基质有哪些？

优质的栽培基质可以为植物提供良好的养分及透气性、排水性，同时对植物有一定的支撑作用。除了我们常用的市面上有售的草炭土、泥炭土、腐叶土以外，在生活中常见或者可以收集到的栽培基质有：

松针：收集落于地面的松针，堆沤后使用。一般呈酸性，有机质含量高，质地轻，疏松透气，排水能力强。

炉渣：煤燃烧后的残渣。不带任何病菌，不易产生病毒，含有较高的微量元素。使用前粉碎，并过 5 mm 的筛。

锯木屑：木材加工的下脚料。使用前堆沤至少 3 个月以上，堆沤时可以加入一定量的氮肥。不要太细，一般80% 左右的颗粒在 3～7 mm 之间即可。

沙：来源广泛，价格低廉。不含有任何有机养分，纯净卫生，可以和其他基质配合使用。沙粒保证在 0.5～3 mm 即可。

泡沫塑料：一般家庭购买的家电包装中都有，使用时将其切割或掰成 2 cm 左右的小方块。可垫在花盆下部，作为排水材料。

花泥块：花泥是一种无机材料，保湿能力好。使用前将其切割成 2～3 cm 的方块，可同其他基质混合，也可垫于花盆下部。

苔藓：又叫水苔、泥炭藓，质地轻盈、松软，通气保水能力极佳，是栽种蝴蝶兰、洋兰以及国兰基质的最佳选择，可与碎砖块、树皮、泡沫塑料等混合使用。

水晶泥：室内种花的新型人工材料，是一种储存水分、养分及微量元素的高吸水性载体，可随意进行色彩搭配。

23 人工如何调节栽培基质的酸碱度？

很多植物在生长发育阶段对栽培基质的酸碱度有要求，比如杜鹃、羽扇豆、栀子等，喜欢偏酸性土壤，要求 pH 值在 5.5～7.0 之间，否则容易发生缺铁黄化病。当然，也有喜欢栽培土壤 pH 值偏碱性的，如木槿、石榴等。如何改变栽培土壤的酸碱度？方法很多，介绍几种简单易操作的方法：如果酸性过高，可在盆土中适当掺入一些石灰粉或草木灰；如果碱性过大时，可以加入适量的硫酸铝、硫酸亚铁、硫黄粉、腐殖质肥等。通常硫黄粉见效慢，但持久；施用硫酸铝需要补充磷肥；施用硫酸亚铁见效快，但作用时间短，需要 7～10 天重复施用一次。

24　盆栽花卉什么时候该换盆？

为了让花卉有一个相对完美的株型，保持其旺盛的生长能力，平时要根据花卉的长势和栽植花盆的大小来及时进行换盆。如不及时换盆，营养供应则不足，生长不良。宿根花卉结合春季分株换盆；球根花卉休眠期后换盆；兰花花后换盆；木本花卉多在 3 月下旬至 4 月上旬换盆。那究竟多长时间换盆一次呢？可以遵循下面的原则，原有盆土营养缺乏、土壤物理性状变劣、花卉根部患病、生虫或者发现大量蚯蚓、根系发达长满花盆时，原有花盆的栽培基质已不能满足花卉继续生长发育的需要了。一般依据不同的花卉种类，结合分株时进行，通常草花一年要换 1～2 次盆，其他 1～3 年换一次盆。

25　如何换盆不缓苗或者说不影响花卉的正常生长？

换盆前准备好花盆和营养土。花盆要用比原先栽植大一号的花盆，用瓦片或者花叶等把盆底的眼盖住，要求排水好的花卉可以在盆底多放两层瓦片，如果有条件，还可以再垫上一些蹄片、碎骨头等有机肥做基肥，之后铺上薄薄一层营养土备用。

换盆的方法：先将要换的盆花（盆土勿太湿）连植株倾倒，轻轻敲击花盆四周，使盆土和花盆分离，再将花盆翻转，一手扶植株，一手从盆底排水孔用力推或轻敲盆底，这样可将植株连土球整体倒出，剪除部分老根和宿土（注意不可将原土球弄散），之后放入新花盆中重新栽植。栽时扶正植株，填土要实，浇水要透，注意盆土不要填得太满，要留一定容水量的沿口，沿口的深浅要根据花盆的大小来决定，一般 1～3 cm 即可。以上都做完后，放置在半阴处 3～5 天，然后再移到有阳光处，如果阳光太强时要适度遮阴。

二、水分供应

26 生活中哪些水可以让花卉生长更佳？

生活中最常用来浇花的是自来水。这里需要注意水温和环境温度的差异不要太大，特别是夏季，建议先将自来水接好后在室内放置1～2天后再使用，一是使自来水中氯气散去，二是让水温接近室温。另外，还有以下水质可以用来浇花，效果也不错。① 淘米水：有使枝叶茂盛的功效，但淘米水不能直接用来浇花，要经发酵并稀释后浇喜酸性土壤的植物。如杜鹃花、栀子花、茉莉、米兰、兰科植物等。② 发酵牛奶：家里有过期的牛奶别扔掉，经过发酵后的牛奶用来浇花有益于花儿的生长，能使植株花繁叶茂。因为发酵后的牛奶含有较多的乳酸，可以改变土壤的pH值，增加酸度，使用时需要用较多的水稀释后浇花。③ 茶叶水：用刚发酵的残茶水浇花，既能保持水分，又可缓慢地释放氮肥，改良盆土团粒结构。④ 啤酒：用啤酒擦拭叶片，可使叶片油亮健康，夏天浇花可促进生长，冬天浇花能使叶片浓绿，使用时同样需要进行稀释。⑤ 煮鸡蛋水：可使植株花繁叶茂，花色鲜艳，因为煮过鸡蛋的水含有丰富的矿物质。

27 一些家养花卉对浇花用水有要求，那该怎么改良自来水？

水分是植物能正常生长的重要因素，水质的好坏直接影响植物的发育、繁殖以及休眠等生理活动。浇花的水质以软水为好，一般使用河水、湖水或池塘水为宜。城市家庭浇花用的都是自来水，有时会引起花卉生长不良。下面是几种家庭实用的改良小技巧。

（1）活化：自来水的温度与气温相差较大，缺少生物活性物质。自来水一般都是用漂白粉消过毒的水，含有残留的氯气等消毒物质，因此不宜直接从水龙头上接水来浇花。

方法：在浇花前先将水注入敞口的缸、池中，存放几个小时或在太阳下晒一段时间即可；或在每千克自来水中加0.05克硫代硫酸钠，可在几分钟内除掉氯气。

（2）净化：如果用池塘水等含有泥沙或有机杂质颗粒的水浇花，首先易污染枝叶，其次会阻塞毛细孔道和根系呼吸，影响生长，所以应该净化处理后再用。

方法：加少量明矾，充分搅动，静置后取用上层澄清液。

（3）酸化：北方水源偏碱性，易造成喜酸性花木的黄化、枯死。如栀子、米兰、杜鹃等花卉会出现以上现象。

方法：在硼酸、食醋、维生素C中任选一种加入水中即可；或淘米水沤熟后兑水使用。淘米水中的沉淀含有丰富的蛋白质、淀粉、维生素等营养物质，用它来浇花，会使花卉长得更茁壮。据资料记载，浓度较大的淘米水经过4～5小时沉淀后，其pH值可达6～6.5，经过2～3天后，pH值可以稳定在3.9～4的范围。所以使用淘米水时可以根据花卉特性兑水使用。在发酵的淘米水中再加入10%～30%的锈铁屑，经2～3周的日晒后再浇花，可以防治花卉缺铁症。

（4）矿化：花卉在吸收水分的同时，还要吸入大量溶解在水中的矿物质，以满足生长发育的需要。

方法：最常用的矿化物质是麦饭石。将水通过麦饭石滤层即可成矿化水，也可把麦饭石碎块置于水池中任其自溶。

28　如何简单判断花卉的需水量？

花卉种类很多，但各种花对水分的需求量是有区别的，这和其原产地、植物特性、生长期不同以及栽培地点的气候条件等都有直接关系。

一般来讲：① 生长在热带雨林地区的花卉，需水量多一些；生长在沙漠或者干旱地区的花卉，需水量少一些。② 花卉的叶片较大，其质地柔软、光滑无毛的需水量多一些；叶片小，其质地较硬或者叶片表面有蜡质或者密生的绒毛，则需水量会少一些。③ 仙人掌类、仙人球类以及大戟科等多浆植物对水分的需求量较少。④ 花卉生长期需水量较多，休眠期需水量较少。⑤ 夏天的日光强烈、温度高，空气干燥，需水量较多；冬季的气温较低，光强弱，需水量较少。⑥ 晴天需水量较多，阴雨天需水量少。⑦ 盆栽的花卉比地栽的需水量多。

总之，水分供应在养花过程中非常重要，也非常细致，要根据不同情况分别掌握。

29　家庭养花常用的浇水方法有哪些？

养花过程中的水分供应是一个关键，它对花卉的生长发育影响极大。浇什么水、水太多或者水太少都会让花卉出现烂根或者黄叶等各种问题。前面我们讲了用哪些水浇花对花卉生长比较好，但是针对不同的花卉种类时该怎么浇也要值得注意。下面总

结几点浇水经验供大家参考：

（1）最常用的喷壶喷水：主要是清洁叶片，增加空气湿度。特别是一些南花北养，如果空气长期干燥，就会出现叶色变淡、叶缘干枯等现象。

（2）用长嘴壶等给花盆浇水：主要是给土壤及栽培基质提供充足的水分，通常要浇到花盆底部有水渗出即可。如果碰到盆土很干的情况，需要四周循环三到四遍才能浇透。

（3）如果属于细小的种子播种后浇水，建议用浸盆法，即下部用托盘盛满水，利用虹吸原理将水吸上去，等盆土表面湿润即可。

（4）对小型的多肉植物浇水，一定不要从植物中间部位浇灌下去，很容易引起全株腐烂。由于很多多肉植物紧贴盆沿，建议用长嘴塑料瓶从植物下部慢慢挤压水，浇透基质即可。

（5）一般家用浇花水都用的是自来水，建议先用盆或桶接出来放置1～2天，一是使水中氯气挥发掉，二是让水接近植物环境温度，特别是夏季或者冬季，水温和气温相差不要超过5℃，否则容易伤害花卉的根系。

30　空气湿度的高低对花卉的外部形态有什么影响？

花卉所需要的水分大多来自土壤，但是空气湿度对花卉的生长发育也有很大的影响。如果空气湿度过大，容易引起枝叶徒长，花瓣霉烂和落花，继而引发病虫害蔓延。开花期湿度太大，则会影响开花及结实；如果空气湿度过小，会使花期缩短，花色变淡。特别是南花北养，如果北方室内空气湿度长期干燥，就会引起叶缘枯黄，生长不良。一般来讲，我们会根据不同种类的花卉对空气湿度的不同要求，采取不同的方法增加空气湿度，如喷洗枝叶、罩上塑料薄膜等方法。

★水质和浇水量：硬水、软水、雨水、地下水、湖水、河水、处理水（对钙敏感的植物）。
★浇水的方法：浇壶、浸水、浸泡。
★浇水易出现的问题：水直接流出盆底；水浮在土面，不被吸收。
★空气湿度：一般在40%～70%；湿度大，加强通风，增强光照，减少喷水。湿度小，喷雾洒水。

水分供应

三、营养均衡

31 花肥的种类有哪些？

养花常用的花肥主要有两大类：① 有机肥料。通常分为动物性有机肥和植物性有机肥。动物性有机肥包括人粪尿、禽畜类的羽毛、蹄角、骨粉以及鱼肉蛋类的废弃物。植物性有机肥包括豆饼及其他饼肥、芝麻酱渣、杂草、树叶、绿肥、中草药渣、酒糟等。这些肥料均属于迟效性肥料，养分全，肥效长，使用前需要经过发酵腐熟后直到没有恶臭味方能使用。② 无机肥料。是用化学合成的方法制成的或者由天然矿石加工制成的富含矿物质营养元素的肥料。如氮肥（尿素、硫酸铵、氯化铵、硝酸铵等）、磷肥（磷酸二氢钾、磷酸钙等）、钾肥（氯化钾、硫酸钾等）。无机肥料通常肥效快，不能持久，而且成分单一。除了磷肥外，无机肥料多用作追肥。

32 N、P、K对植物的作用是什么？如果植物缺失了会出现什么状况？

植物生长发育需要的元素比较多，其中的C、H、O三元素可以从水和空气中得到，其他元素需要从培养土中吸收。N、P、K称为三要素，这三种元素需要量大，需要通过施肥来补充。

其中氮肥主要是促使植株营养生长，即长得茂盛，叶绿素增多。但是氮肥太多会导致组织柔软、茎叶徒长，易受病虫侵害，耐寒能力降低。缺少氮肥则植株瘦小，叶片黄绿，生长缓慢，不能开花；磷肥能使植株茎枝坚韧，促使花芽形成，花大色艳，果实早熟，且多发新根，提高抗寒、抗旱能力。磷肥不足则生长缓慢，叶小、分枝或分蘖减少，花果小，成熟晚，下部叶片的叶脉间先黄化而后呈现紫红色，缺磷时通常老叶先出现病症；钾肥能使茎干强健，提高抗病虫、抗寒、抗旱和抗倒伏的能力，促使根部发达，球根增大，并能促使果实膨大，色泽良好。缺钾会导致叶缘出现坏死斑点，最初下部老叶出现斑点，叶缘叶尖开始变黄，继而发生枯焦坏死。钾肥过量会引起节间缩短，全株矮化，叶色变黄，甚至枯死。

33 施肥的方法有几种，如何操作？

施肥通常有两种方法：基肥和追肥。基肥指将腐熟后的肥料等在配制培养土时就加进去并充分混合，目的是提高土壤肥力，供给植物生长时期需要。追肥是指培养土不多，肥料有限，基肥不能满足需要，需要及时补充肥料。追肥常用的是速效肥。另外还有一种追肥就是根外追肥，即将肥料配成溶液直接喷洒在花卉的叶面上，通过叶片渗透吸收的方式补充养分。

施肥总的原则是：根据花卉不同的特性和不同的生长发育阶段来决定肥料的种类、浓度和次数。一般要做到"薄肥勤施"和"由淡渐浓"。很多地区有一些施肥经验也可以参考一下。比如"四多四少四不"，即黄瘦多施，发芽前多施，孕蕾多施，花后多施；肥壮少施，发芽少施，开花少施，雨季少施；徒长不施，新栽不施，盛暑不施，休眠不施。另外，盆花施肥有三忌：一忌浓肥。二忌热肥，即不要在夏季中午土温高时施肥，容易伤根。三忌坐肥，即栽花时盆底施用基肥，不可以将根直接放在肥上，而是要在肥上加一层土之后再将花栽入盆中。

34 微量元素主要有哪些？缺失了它们植物会有什么表现？

微量元素为植物体必需但需求量很少的一些元素。这些元素在土壤中缺少或不能被植物利用时，易使植物生长不良，过多又容易引起中毒。

比如植物缺硼，植物顶端停止生长，且根系不发达，叶色变绿，叶片肥厚，皱缩，植株矮化，茎及叶柄易开裂，脆而粗，花发育不全，花而不实，蕾花易脱落。植物缺铁，首先表现在幼叶上。叶脉间失绿，严重时整个幼叶呈黄白色，缺铁常在pH值较高的土壤中发生。植物缺锌，老组织先出现生长素含量下降，植物生长受阻，节间缩短，叶片扩展受抑制，表现为小叶簇生，称为小叶病或簇叶病。植物缺锰，其症状从新叶开始，叶片脉间失绿，叶脉仍为绿色，叶片上出现褐色或灰色斑点，逐渐连成条状，严重时叶色失绿并坏死。

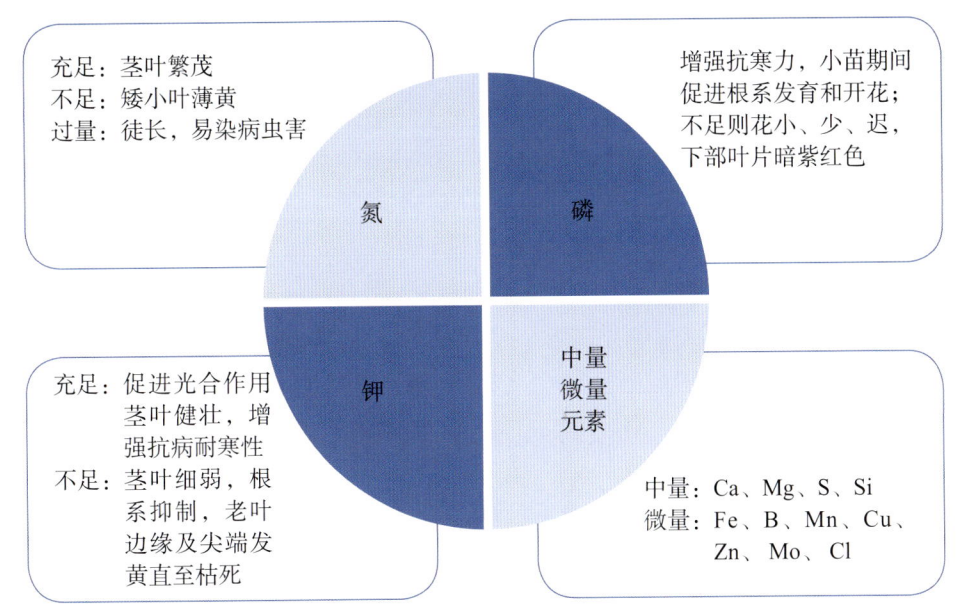

营养元素对植物生长的影响

35 家庭如何自制花肥？

家庭养花过程中，有很多废弃物都可以变成花卉喜欢的肥料。下面介绍几种自制花肥的方法，有兴趣的可以尝试一下。① 家庭杂肥：利用厨房有机废弃物，如黄叶、菜皮、根茎、蛋壳等加上淘米水进行加盖密封，充分沤制发酵一年后启封兑水施用。② 骨粉肥料：吃剩的各种大骨头、鱼刺等，将盐分冲洗掉后放入高压锅蒸煮20分钟，然后取出捣碎腐熟，再和园土等拌和着使用。③ 药渣肥料：用中药渣拌进园土中，加少量淘米水，然后放至封闭的罐中沤制成腐殖质后即可和园土拌在一起使用。④ 自制绿肥：少量骨粉＋草木灰＋水＋树叶，青草等，沤制腐熟后可以施用。⑤ 鸡粪肥料：鸡粪等动物的粪便需要腐熟后再使用，可以作基肥，含有丰富的氮、磷、钾及有机质，还有微量元素及B族维生素。

四、温度、光照控制

36 不同花卉对温度的要求不一样，如何简单判断花卉在冬季对温度的基本要求？

不同花卉对冬季温度的要求不一样，通常原产于热带的花卉要求越冬温度较高，一般 18～30℃，原产于亚热带的花卉需要 12～20℃，原产于长江流域、西南地区及南温带的花卉可以放在 8～16℃的低温温室或者 0～10℃的冷室里越冬。原产于北温带及温带的花卉冬季可以室外越冬。

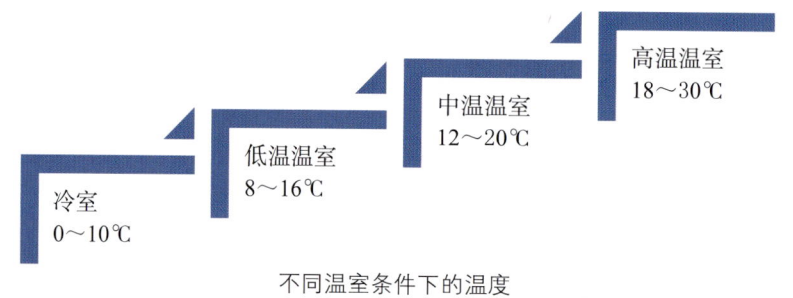

不同温室条件下的温度

37 低温的危害有哪些？寒害和冻害一样吗？

每种植物在生长过程中都有自己适合生长的温度范围，高于或者低于温度阈值都会影响生长发育，甚至死亡。温度过低的情况常见有两种，一种为寒害，一种为冻害。

寒害主要是低温影响了植物正常的生理活动，导致根系吸收能力减退或者停止，地上表现为老叶枯黄脱落、嫩枝叶萎蔫。寒害短时间可以恢复，时间长会引起植株死亡。寒害现象不一定就发生在 0℃以下，通常发生在北方温室中栽培的原产于热带的植物。

冻害通常指在 0℃以下，植物组织因结冰而受害。冻害分为两种情况，一种是温度缓慢下降至冰点以下，细胞间隙内逐步形成冰体，导致原生质脱水，如果温度回升慢，解冻速度慢，加之植物抗冻害能力强，可以恢复生命力，反之植物会因为严重脱水而死亡。另一种情况是温度骤然下降至冰点以下，原生质结构被直接破坏，植物损失更大。

养花小建议：入冬前，可以少施用氮肥，多施用磷钾肥，增添光照，提高植株体内的糖分含量，这样植株生长健壮，可以提高抗寒能力。

38 高温的危害有哪些？种植温度不适宜时，植物生长会出现什么状况？

植物生长的周围环境温度超过其能忍受的最高温度时，植物的正常生命活动就会受到阻碍和危害。高温会使植物细胞蛋白质变性，光合作用停止，同时呼吸作用增强，这样养分消耗大，如果环境干燥，会引起气孔失调，植物体内水分大量散失，叶片和枝条会枯死。为了避免不耐高温、不耐干旱的植物在高温条件下受到危害，进入炎热夏季时应适度遮阴、通风，并及时向植物周围环境洒水，降低周围空气温度，增加空气湿度。

温度对植物的危害及预防措施		
高温：气孔失调，水分散失，枝叶干枯，死亡。遮阴、喷水	寒害：根的吸收能力减退停止，老叶枯黄脱落，嫩枝叶萎蔫，短时间可恢复。可以不需要特殊的措施。因为短时间的寒害在气温恢复后是可以恢复生长的	冻害：0℃以下，植物组织结冰受害。入冬前少施氮肥、多施磷钾肥，增加光照，保持生长健壮

高低温对植物的危害

39 不同花卉对光线的要求不同，家养的花卉通常放置在哪里比较合适？

光照是植物制造营养物质的能源，不同种类的花卉对光照的要求不同。俗话说，"阴茶花、阳牡丹、半阴半阳四季兰"，按照对光照强度的不同需求，可以将花卉分为阳性花卉、中性花卉和阴性花卉。阳性花卉喜欢强光、不耐荫蔽，阳光不足容易造成枝叶徒长，叶色变淡发黄，不易开花或者开花不好，容易遭受病虫害。比如月季、苏铁等，可以放置在南阳台或者南边光线可以直射的地方。阴性花卉就是在荫蔽的环境条件下生长良好。如果长期处于强光照射下叶片会枯黄、生长会停滞甚至死亡。比如玉簪、绿萝等，可以放在卫生间、厨房。中性花卉是指既能在阳光充足的环境下生长发育，又能在荫蔽的环境下生长良好，但夏季光强时仍需要适当遮阴。比如茉莉、绣球等，可以放在客厅、卧室、书房等房间内阳光可以照射到的区域。

40 光照对植物开花有什么影响？

　　光照对植物的花芽形成起到一定的促进作用，在营养成分及水分供应等都相同的条件下，充分接受阳光的枝条花芽相对就多，而且不同的花卉种类对光照时长的要求不同。基于这一点，我们通常把花卉分为三类：长日照花卉、短日照花卉和中日照花卉。其中长日照花卉需要每天日照时间在12小时以上才能形成花芽，如鸢尾、凤仙花等。短日照花卉每天日照时间在12小时以内，经过一段时间后就能形成花芽，如一品红、菊花等。中日照花卉其花芽形成跟日照时数关系不大，只要温度合适，一年四季可开花，如扶桑、月季等。

五、繁殖技巧

41　怎么让家养的花儿从一变多？繁殖的优缺点都有什么？

自己种植一盆喜欢的花草，利用有性繁殖或者无性繁殖将其变多，然后送给亲朋好友一起享受花草带来的乐趣是件很幸福的事。

有性繁殖指的是用种子播种产生幼苗的方法。通常在春季或秋季播种，有的种子随采随播，有的种子需要低温沙藏一段时间后再播。播种基质通常可以用专用的育苗基质，也可以直接用腐叶土，大种子可以点播，细小的种子可以撒播，播后覆土厚度不要超过所播种子直径的2倍。播后用喷壶洒透水，特别小的种子可以用浸盆法，之后用薄膜或者保鲜膜进行覆盖，这样可以保持一定湿度，有利于种子萌发。萌发以后要逐渐见光，否则小苗容易徒长。

无性繁殖也叫营养繁殖，就是利用植物营养器官根、茎、叶等来培育新植株的方法，包括扦插、嫁接、压条、分株等。

无性繁殖优点是成苗快、开花早、可以保持亲本的优良性状。有性繁殖的优点是繁殖量大，寿命较长，缺点是开花较晚。通常有性繁殖形成的种苗叫实生苗，利用实生苗可以培育新品种。

板凳果切茎繁殖

42　什么是留种？种子一般什么时间采收合适？采收后如何贮藏？

通常留种的植株都是品性优良、发育健全的健康植株，且要加强管理。对于一些需要保持纯种的要采取隔离措施，比如套袋或远距离养殖等，以免"飞花"，即杂交。

如果需要培育新品种或者提高生长活力的，则要进行自然或人工异花授粉。

种子一般在果实成熟时采收，否则种子容易散失。采收后一般要晒干或者阴干，并脱粒净种。

采收后处理完的种子通常要放在低温、干燥、通风的条件下贮藏。有的种子适合在一般条件下干藏，如蜡梅等；一些含水量低的可以密封干藏；含水量高的或者干藏效果不好的种子采用湿藏，即"层积法"。湿藏用的沙子湿度以手捏成团而又不出水为宜。如南天竹、蔷薇等的贮藏。

顶花板凳果组培繁殖

43 种子播种前需要对种子怎么处理？

种子播种前需要进行精选、消毒和催芽，主要目的是为了让种子发芽快速、整齐，并预防病虫害。

精选的方法：水选、风选、筛选和粒选。水选就是把种子放在水中，捞取浮在水面上的空瘪以及有虫害的种子，水选可结合浸种进行。风选就是利用风力吹去质量低劣的种子，一般可以放在簸箕中摇动，去除劣种。

双荚决明播种繁殖

筛选就是用筛子存优去劣，筛眼的规格根据种子的大小而定。粒选适合大粒种子，将粒大饱满无虫伤的种子逐个进行挑选。

消毒通常用 0.2% 的甲醛溶液或者 0.5% 的高锰酸钾溶液浸种，之后冲洗备用。

催芽的方法有很多，通常有以下几种：① 层积催芽：将种子和湿沙混在一起然后堆积，温度控制在 2～5℃。② 机械损伤：可以利用外力对种皮进行打磨或者使种皮破裂，这样水分和空气容易进去，促进萌芽。③ 清水浸种：可以用清水浸泡，对于种皮外有蜡质层的可以用热水浸种，但把控好时间，不要将种子烫伤即可。④ 酸碱处理：坚硬的种子可以放入一定浓度的酸碱溶液中，如浓硫酸或者 NaOH 溶液，短时间浸泡可以让种皮发软，促进萌发。⑤ 药剂催芽：用生长激素溶液进行处理可促进萌芽。例如一定浓度的赤霉素、萘乙酸等。

44 扦插的种类都有哪些？需要注意什么？扦插成活的关键因素是什么？

扦插是利用植物的茎、叶或者根的一部分插入基质中培养新植株的繁殖方法。通常有硬枝扦插、嫩枝扦插、芽插、叶插和根插五种方法，通常不同植物种类采用的方法不同。在这几种方法使用过程中我们要注意以下几点：① 硬枝扦插在落叶后或者发芽前进行，插条上端可以剪平口，下端可剪成 45°角的斜口，且最下面的芽距离下剪口 0.5～1.5 cm。② 芽插的扦插材料可以用母株根茎萌发的蘖芽、老茎上的吸芽、叶腋间的腋芽等。取芽要注意芽的完整和新鲜。③ 叶插最常见的是多肉植物的叶片，如落地生根及其他景天科的植物叶片，将其斜插或平贴于基质上即可生根。秋海棠或者大岩桐一类的可以将叶片垂直于叶脉进行切割，然后斜插在珍珠岩等基质上可以生根。④ 根插主要是利用根部长出的不定芽，如蔷薇、金丝桃等。

迷迭香扦插繁殖

要想提高扦插的成活率，需要注意以下几个问题：① 插条生根发芽需要一定的温

度、湿度和空气。② 要升高插床温度，先生根后发芽，否则先长叶后生根，容易枯萎。③ 插条的再生能力通常实生树比嫁接树强，幼年树比老年树强，同一植株上新梢比老枝强，根和枝条的再生能力也不一样。④ 插条插入基质后要将插条基部的基质按紧压实，以利于生根。

45 压条有几种方法？操作过程有什么区别？

压条通常用于扦插不容易生根的花卉，方法主要有地面压条和空中压条两大类。其中地面压条有普通压条（枝条弯曲埋入土中）、蜿蜒压条（将藤本枝条或者柔软枝条弯曲成波状起伏状，逐段压入土中）、连续压条（将长段的枝条压入土中，仅留枝梢在外）、堆土压条（适合丛生状态又坚硬难弯曲的枝条）等四种。空中压条有套筒（选择两年生枝条进行环状剥皮，然后用对分两半的竹筒包合并加入土后绑紧）、统罐（选择一年生枝条，将下部横锯过半并向上纵剖 8～10 cm 后，将裂口上方加以绑缚，下部分离处用沙罐或小花盆装土筑牢）、塑料薄膜包扎（同套筒相似，只是换用塑料薄膜盛土。此方法不用支撑，操作简单，保湿良好）。

46 什么叫接穗？什么叫砧木？嫁接的最佳季节是什么时候？

把一株植物的枝条或芽接在另一株带有根系的植株的适当部位，使其愈合成为一株新植株的繁殖方法叫嫁接，也叫"接木"。用来嫁接的枝或芽称之为接穗，承受接穗的植株叫砧木，也叫"脚树"。一般来讲，接穗和砧木的亲缘关系愈接近，嫁接后成活率愈高。用嫁接法育成的苗叫嫁接苗。嫁接苗可以保持亲本的优良性状，提高生存能力和适应能力，并提前开花结果。

嫁接的季节通常在春、夏、秋均可。通常春季在雨水前后 10 天左右嫁接最为有利；6～8 月夏季新梢上的芽成熟，砧木也易剥离皮层，可以进行嫁接；秋接在 9～10 月份进行。

六、病虫害防治及其他

47 家庭养花过程中常见的虫害有哪些？怎么防治？

居室的环境条件如果通风条件不佳等，比较容易滋生虫害。若发现就要及早用药物或者生物方法彻底防治，不要使危害蔓延扩大。下面介绍几种家庭养花常见的虫害及防治措施。

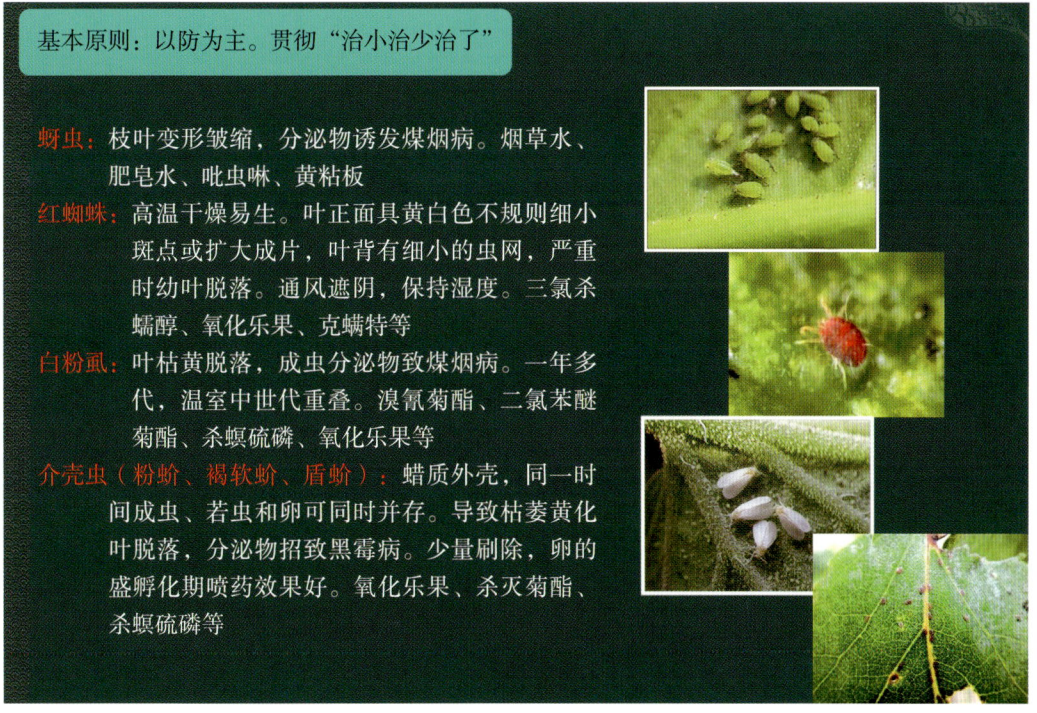

基本原则：以防为主。贯彻"治小治少治了"

蚜虫：枝叶变形皱缩，分泌物诱发煤烟病。烟草水、肥皂水、吡虫啉、黄粘板

红蜘蛛：高温干燥易生。叶正面具黄白色不规则细小斑点或扩大成片，叶背有细小的虫网，严重时幼叶脱落。通风遮阴，保持湿度。三氯杀螨醇、氧化乐果、克螨特等

白粉虱：叶枯黄脱落，成虫分泌物致煤烟病。一年多代，温室中世代重叠。溴氰菊酯、二氯苯醚菊酯、杀螟硫磷、氧化乐果等

介壳虫（粉蚧、褐软蚧、盾蚧）：蜡质外壳，同一时间成虫、若虫和卵可同时并存。导致枯萎黄化叶脱落，分泌物招致黑霉病。少量刷除，卵的盛孵化期喷药效果好。氧化乐果、杀灭菊酯、杀螟硫磷等

几种常见虫害及防治措施

（1）蚜虫：也叫腻虫，虫体为黑色或者黄绿色，繁殖能力极强，通常在温度较高、通风不良的条件下发生，一年可发生10～20代，危害部位主要是嫩叶、幼芽、花蕾等，会导致叶片卷曲、萎缩等，同时会分泌糖液，诱发煤烟病等病害。防治办法：黄粘板、烟草水、吡虫啉等药剂，七星瓢虫等天敌防治。

（2）红蜘蛛：暗红色形如蜘蛛的小虫，大小肉眼刚能看到。红蜘蛛繁殖能力也

很强，一般会在高温干燥的条件下发生，一年可以发生十几代，通常寄生在叶背，并吐丝生长，吸吮叶片的细胞液，使叶片正面出现黄色小点，并逐渐变黄枯萎脱落。防治办法：蓝粘板、阿维菌素等药剂。

（3）粉虱：也叫"小白蛾"，一年可以繁殖四代以上，每个雌虫可产卵120～150粒。主要寄生在叶片背面，吸取叶片汁液，特别是嫩叶，导致干枯不能正常生长，同时伴有煤烟病发生。防治办法：黄粘板、中性洗衣粉150倍液喷洒、啶虫脒等药剂。

（4）蚧壳虫：最常见的是盾蚧，虫体有白、灰白、黄或者红褐色盾形介壳，繁殖快，一年可发生二到四代以上，每个雌虫可产卵60～200粒。一般寄生在花卉的主干、主枝、叶背主脉两侧和茎叶的中上部。吸取花卉的汁液，阻碍植株正常生长。冬季通风不良时也会引发煤烟病。防治办法：幼虫可用氟乙酰胺等药剂喷施，少量可用刀片刮除并用药剂涂刷清洗。

48 家庭养花过程中常见的病害有哪些？怎么防治？

（1）煤烟病：也叫煤污病，受害植株的枝叶上会出现暗褐色污斑，后逐渐扩大，形成大面积黑色煤烟状菌层，影响光合作用。通常是由粉虱、蚧壳虫等分泌物诱发致病。防治办法：加强通风，降低空气湿度；受病害侵染的枝叶用多菌灵液洗刷；用杀虫药剂喷洒，根治虫害。

（2）炭疽病：在花卉病害中炭疽病发病率较高，主要由黑盘孢目真菌所致。通常除根以外的所有部位都可能被侵染，并产生界限分明、稍微下凹、圆斑或沿主脉纵向扩展的条斑或不规则形病斑，还可以在幼嫩的枝条上引起小型的疮疤，造成枯梢。如果种子或种球得了炭疽病会造成腐烂不出土，百合等鳞片感染炭疽病会造成花芽败育等不良现象。防治办法：发病初期剪除叶片，防止病菌蔓延；加强肥水管理，降低空气湿度；喷施多菌灵、甲基硫菌灵、炭疽福美、苯菌灵等药剂，10～15天1次，共喷2～3次。

（3）白粉病：由病菌侵染所致，可随空气流通而传播蔓延。通常导致幼叶扭曲、叶色暗淡，叶面、嫩茎、花蕾上出现白色粉状物，多发生在夏秋雨季环境潮湿时。防治办法：注意通风、降低空气湿度；危害严重的枝叶要剪除并烧毁；发病季节之前喷施石硫合剂进行预防；发病时喷施托布津或硫黄粉悬浮液，3天1次，连续3～4次。

49 家庭养花最容易出现黄叶现象，有哪些因素会导致盆花黄叶呢？

盆花黄叶分析

原因	植株表现	措施
水多	顶端嫩叶淡黄，老叶渐发黄，新梢萎缩	松土，控制浇水
缺水	顶部叶颜色正常，下部叶逐渐干黄脱落	清除多余盆土，适量浇水，保持土壤湿润
缺肥	花卉叶片薄嫩发黄	逐渐增加肥水，切忌过浓；及时换盆，增加基肥和新土
肥害	叶片凹凸不展，新叶肥厚，老叶变黄	暂停施肥，在土壤中播种易出种子，出苗后拔掉，以消耗养分
偏碱	喜欢酸性土壤的花卉在北方养护的过程中叶子会逐渐变黄	用青草泡水浇灌，或在土壤、水中加入硫酸亚铁或食醋
病虫害	叶子出现黄色斑点（蚧壳虫危害），叶子粗糙干黄（红蜘蛛危害），病毒也可以引起叶片发黄	用70%敌百虫1000倍或40%乐果2000倍喷施。病毒侵害部位及时摘除烧毁，喷施多菌灵或波尔多液防治
少光照	喜阳花卉放置室内过久或喜欢凉爽的花卉高温暴晒，遮光不良也会出现黄叶	改善光照条件

50 家庭养花为什么到了开花季节却不开花？

很多家庭养的花到了开花季节却没有开花，综合分析，原因有以下几方面：

（1）水肥不当。花卉生长期间，水肥过量，引起枝叶徒长，营养物质多用于营养器官（根、茎、叶）的生长了，而花、果实和种子缺乏养分，影响花芽形成，导致不开花或开花很少。孕蕾期施肥过浓，浇水忽多忽少，也很容易造成落花、落蕾。花卉生育期，缺肥少水，植株生长不良，瘦弱矮小，也易造成开花少或花朵小，花质差。

（2）光照温度不适宜。由于花卉原产地不同，所以生态习性各异。如果各自所需的生活条件得不到满足时，易引起落花、落蕾。

（3）土壤含盐碱量高。大多数花卉喜欢微酸性和中性土壤，怕盐碱。

（4）年久未修剪。花木长期不修枝整形，既影响美观，又消耗大量养分，影响花芽形成，造成不开花或开花少。

（5）冬季室温过高。若室温过高，影响花木休眠或过早抽芽叶，消耗养分，翌年生长衰弱，不开花或花朵小，或凋落。

（6）病虫害侵袭。花卉生育期易遭病虫危害，影响养分积累，生长受阻，造成落花、落蕾。

第三章 植物各论

一、观花植物

51 报春花属植物种类繁多，它们的共同属性有哪些？市场上最常见的有哪几种？

报春花属主要分布于北温带，极少产于南半球。我国约有300种，拥有全世界大约3/5的报春花属种质资源，全国均有分布，特别是四川、云南、西藏地区种类较丰富，中国已经成为全世界报春花属育种学家及植物采集家的首选之地。报春花属为多年生草本，少有1～2年生草本。叶基生成莲座状叶丛，花冠呈钟状至高脚碟状，花色丰富，果实为蒴果，多生长于高山草地、草甸和林缘处。报春花属是典型的异花授粉植物，有一个重要的特征就是二型花柱，就是一种植物中存在两种不同基因型的个体，两性花中雄蕊和雌蕊的高度在不同的个体中交互排列。报春花属的植物多是种子繁殖，有的也可以分株繁殖，种子萌发温度在15～21℃，一般播后不用覆土。多数报春花属植物喜欢半荫蔽的生境和腐殖质丰富的土壤。目前，报春花的育种方法主要有：杂交育种、多倍体育种、组织培养、原生质体融合、单倍体育种等技术。

欧洲报春

国内栽培较为普遍的报春花属植物有欧洲报春、报春花、四季报春、藏报春、陕西羽叶报春等几种，一般用作冷温室盆花，冬季室温2～5℃即可，可以作为露地花坛布置或者早春盆栽观赏。

欧洲报春

欧洲报春

四季樱草

陕西羽叶报春

52 欧洲报春怎么播种？栽培时应注意什么？

欧洲报春通常播种繁殖，一般播种后 6 个月左右即可开花。通常 8 月播种，避开夏季高温时期，这样苗期成活率高。由于种子小，所以播种后覆土要薄，以见不到种子为度。盖上玻璃或者用薄膜覆上保湿，10 天左右即可萌发。出苗率达到 60% 以上时，去除覆盖物，放在半阴处，以免小苗徒长。小苗出齐后，注意通风，室内保持干燥，切勿强光直射。当小苗长出 2 片真叶时即可分苗，当长有 5～6 片真叶时即可定植于花盆中。

如果欧洲报春是 5～6 月份播种，那夏季要将幼苗放在阴凉处养护。10 月下旬将其放在有阳光的室内，温度控制在 2～5℃就可以，每隔 10 天用一次生物有机复合肥或者浇一次稀薄的饼肥水，这样进入 12 月份就可以陆续开花了。开花的时候室温不要太高，可以延长花期。如果是 8 月播种，那可以赶在春节前后开花。另外，欧洲报春

欧洲报春育苗

欧洲报春"新秀"

欧洲报春"绣女"

欧洲报春"女神"

在销售市场上均把其当成一年生的草本花卉来进行销售，但实际上它是一种多年生的草本植物，花凋谢后及时剪除残花，放置在阴凉处，停止施肥，保持适当的湿润土壤，等过了炎夏，重新换盆、浇水和施肥，它又能焕发新机，重新开花。

53 宝莲灯开花容易吗？养护中最重要的因素是什么？

近几年年宵花中增添了一个新面孔，叶片革质、大而油亮，花大而悬垂的粉苞花型，就像中国的宝莲灯一样，所以商品名为宝莲灯。宝莲灯属于较为大型的热带室内观花植物，了解其原生环境及生长习性，想让它开花还是不难的。宝莲灯喜欢高温高湿半阴的热带环境，夏季适宜的温度是18～25℃，冬季略低一些，平时养护要及时浇水，保持盆土湿润，但不能积水。盆土表面变干时再浇水，经常向植株周围环境喷水，叶面也可以适当喷水，保持较高的空气湿度，根据花盆和植株的大小，及时换盆，保持营养充足。栽培基质要透气排水性好，光照要温和，夏季光照强的时候要及时遮阴。

宝莲灯的花序

宝莲灯花序未变红之前

宝莲灯花序已变色

宝莲灯的叶片翠绿光亮、叶脉清晰

54 宝莲灯花期有多长？如何繁殖？花期过后怎么养护还能让其再次开花？

宝莲灯花期很长，从开始花苞露色到最后凋谢可长达数月，有的甚至近半年，观赏性极佳。家庭经常在春节购买一盆宝莲灯，花谢后不知道怎么养护会让它再次开花，其实不难，花谢后及时将花梗剪掉，然后只要把握以下几点即可。① 光照，要半阴环境，忌烈日暴晒。② 温湿度，生长适宜温度 18～25℃，空气湿度 60%～80%。③ 基质，要疏松肥沃、富含腐殖质、排水良好，pH 值微酸性土壤。④ 薄肥勤施，春季多氮肥，夏季多钾肥，氮磷钾比例要均衡，生长季节每 10 天喷施一次。⑤ 防治病虫害，宝莲灯虫害有粉虱和蚧壳虫，病害有叶斑病和茎腐病，及时用药防治，保证植株健康生长。

宝莲灯的繁殖通常用扦插，时间在 6～7 月或 9～10 月均可，避开夏季炎热的季节。插穗选择半木质化的嫩枝，长 15～18 cm，插于泥炭或蛭石中，20～25 天愈合生根，当年可移栽上盆。

宝莲灯的花苞　　　　　　宝莲灯盛开　　　　　　宝莲灯作为年宵花大气高雅

科普小链接

宝莲灯真正的学名叫粉苞酸脚杆（*Medinilla magnifica*），野牡丹科酸脚杆属常绿小灌木，是野牡丹科花卉中最豪华美丽的一种，在中国植物标本馆中被划分到美丁花属，所以宝莲灯也叫粉苞美丁花。它原产于菲律宾、马来西亚和印尼的热带雨林，2000年前后从荷兰引入中国。宝莲灯的茎是四棱成四翅状，分枝扁平，穗状花序，下垂，红色，苞片粉红色，沿着花茎呈2～3层排列，每两层之间悬垂着一簇樱桃红色花，花茎顶端有一大簇花，可达40余朵，很是绚丽壮观。

55 怎样栽种百合？是要深埋还是浅埋？

这里说的百合指的是百合这一类花卉，通常大多数百合喜光，所以通常种植在阳光充足的地方。有些种类，比如云南大百合、野百合、绿花百合等也可以种植在略微荫蔽的环境下。盆栽用土宜选用腐叶土（或泥炭土）和沙土、园土混合调配的培养土，也可以选用市场上售卖的混合好的营养土。百合种球需要深埋，因为它属于深根性球根花卉，覆土的厚度一般为鳞茎直径的2倍。从春季萌芽出土开始，到开花初期，每隔10～15天施用一次腐熟的稀薄肥水，促使花繁叶茂、鳞茎充实。花期可以施用1～2次磷钾肥。开完花后及时剪去残花，减少养分的消耗。浇水以保持盆土略微湿润为好，如果盆土过湿或者通风不良，则鳞茎容易腐烂。另外，百合忌连作，盆土也要每年更换一次，经常转盆，防止株型长偏。

百合地栽

含苞待放

百合群植呈现出美丽的风景线

56 百合如何繁殖？

百合的繁殖方法有分鳞茎、分小鳞茎、分株芽、鳞片扦插和播种等方法。最常用的是分小鳞茎，其次是鳞片扦插。下面介绍两种常用的繁殖方法：

（1）分小鳞茎法：秋季挖起鳞茎的时候，会在下面主鳞茎旁生着几个大小不等的小鳞茎，将这些小鳞茎分栽，培养1～2年后即可开花。如何让百合多生小鳞茎呢？第一种办法是将鳞茎深栽，使茎的地下部位相对增长，有利于产生小鳞茎。第二种办法是开花后，将地上茎留40 cm剪去上部叶片和茎，可以促使地下茎节形成小鳞茎。第三种办法是花后将茎压倒浅埋在土中，促使叶腋间形成小鳞茎。第四种办法是花后将茎带叶切成小段，每段带3～4片叶浅埋在沙子中，经过一段时间，叶腋内可以产生小鳞茎。

（2）鳞片扦插法：将生长饱满的鳞茎挖出后，阴干数天，待鳞茎失去表面水分稍微有点皱缩时剥下鳞片，将其基部向下斜插于腐殖质中，之后浇水，保持一定湿度，不宜过多浇水，之后会在鳞茎片基部产生小鳞茎。

种类繁多的百合品种

57 长春花可以修剪吗？如何修剪？

长春花又名金盏草，日日新，花期几乎全年，受到很多花友的喜欢。长春花为夹竹桃科长春花属植物，一般来说夹竹桃科植物的汁液都有毒，因此很多花友不知道长春花是否可以修剪。首先可以肯定的是长春花是可以修剪的，只要我们做好防护措施即可；而且雨后如果出现茎叶腐烂，是必须要进行修剪的。那么什么时候修剪，如何修剪呢？长春花修剪根据需求分为：① 整形修剪，通常长春花播种繁殖，第一次修剪在出苗后长出3～4对真叶时，可以进行剪去顶部新叶，也是常说的摘心，摘心可以促进分枝，增加植株的饱满度。第二次修剪一般在新枝长出3～4对新叶，或根据花友喜好进行适当的调整进行修剪，修剪出理想的高度和株型。② 修剪促开花，如果不收种子，在花后可以修剪掉枝条上的残花，这样可以节约养分，促使侧芽萌发。控制花期，长春花为阳性植物，生长与开花需要充足的光照。③ 病

盆栽长春花

枝修剪，长春花雨后容易出现茎叶腐烂和黑斑，及时修剪掉感病植株，通过药物控制其邻近植株感病蔓延。

58 长春花如何越冬？

长春花性喜高温、耐半阴，对低温比较敏感。因此，冬季需要一定的保护措施。低于-5℃时长春花容易受冻，盆栽长春花可移入室内，移入室内后还要注意室内温度需要维持在10℃以上，这样才能安全过冬。此外，长春花为长阳性植物，生长、开花均需要阳光充足，冬季放置在阳光下，这样既能保证植株更好地进行光合作用，还可以提高植株的温度。进入冬季，生长减缓，因此需要控水、控肥，土壤不干不浇。

59 长春花怎么繁殖？

长春花繁殖有以下几种方式：① 播种繁殖，一般秋季采收种子，于第二年春季进行播种，播种温度为20～25℃。种子播种时需要避光，播种后需要用细薄沙土覆盖，然后进行喷湿，覆盖保鲜膜保持土壤湿润，通常7～10天即可出苗，出苗后揭

掉保鲜膜。② 扦插繁殖：主要选取生长健壮无病虫害的顶部枝条作为插穗，插穗长短为 8～10 cm，扦插时间 4～7 月份进行，扦插温度保持在 20～25℃，扦插基质选择疏松透气的土壤、蛭石或混合基质均可。一般扦插后 15～20 天生根。③ 水培繁殖：长春花插穗剪好后等基部切口不再有乳汁流出，伤口愈合后，插入水中，放置 20～25℃环境中，每隔 3～4 天换一次水或根据情况增添水，直至长春花长出根即可。

长春花盛开

60 杜鹃花开完后该如何"照顾"它？

杜鹃是传统花卉之一，进入 4 月份，其"辉煌时期"告一段落，可是怎么让它来年依然姹紫嫣红却是大家苦恼的问题。

首先，要弄清楚杜鹃的"脾性"。杜鹃喜酸性土质，温暖、凉爽、湿润的通风环境。北方地区水质偏硬，长期用自来水浇灌会使栽培土壤酸性减弱，影响生长。可在每次浇花时，给水中加几滴食用醋即可解决。或者在花卉市场买一小袋硫酸亚铁，生长旺季每隔半个月浇水时按说明溶解一点进行根灌或喷洒叶面。

其次，认识杜鹃根系的"模样"。杜鹃根系纤细如发，

盆景杜鹃造景

高山杜鹃

大部分分布较浅,所以水肥施用很关键。家庭养杜鹃要经常给叶面喷水雾或在放置花盆的四周地面洒水来增加空气湿度。盆土保持潮湿状态,不能渍水。施肥要离根系远些,以免叶片枯焦,要做到"薄肥勤施"。

最后,杜鹃花谢后要及时"挪窝",修剪整形。杜鹃盛开时,管理简单,主要是室内观赏,但花谢后要及时挪到室外半阴处或阳台内侧进行日常养护,及时去除花梗和残花,剪除过密枝、徒长枝、病枯枝、重叠枝。

比利时杜鹃

杜鹃盛开

盆景杜鹃

造型杜鹃

61 大岩桐花蕾萎缩干枯怎么办？

首先一定要了解大岩桐的习性，它喜欢冬暖夏凉的环境，不喜欢阳光直射，喜欢潮湿、肥沃、疏松的微酸性土壤。在管理上要注意以下几点：一是适当遮阴。除幼苗期间需要充足的阳光外，其他时期都需要半阴环境。二是注重施肥。在定植的时候要将基肥施足，每隔10天追施一次腐熟的肥水，花芽分化前后施用磷钾肥。三是保持空气湿度。大岩桐喜欢湿润的环境，但忌积水。

大岩桐盆栽

62 繁殖大岩桐有哪几种方法？

大岩桐的种子在开花后一个多月就能成熟，采收后晾干置于干燥处保存，种子细小，其萌芽力可以保持一年左右。播种时间可以在春秋两季，但通常选择秋播较好。3月春播，7月可以见花，夏季高温期间不利于苗株生长，因而株型较小。9月秋播，发芽率高，苗株生长较好，第二年4～5月开花，株型较大，花也多。家庭播种可以用浅盆，

大岩桐花色丰富

排水要良好，盆底部可以垫一些瓦片、小石子等。因为种子太细小，所以可以和沙子拌在一起后再撒播，之后压平，让种子和培养土接触良好，用浸润法从盆底浸水，之后覆膜或者加盖覆盖物，保持土壤湿润。一般20℃下2～3周即可出苗。

　　大岩桐的繁殖还可以用叶插法进行。秋天的时候利用大岩桐的叶子扦插，叶子只要带有叶脉就能最大可能地培育成新的植株。叶插有的时候会出现打蔫等现象，只要"小土豆"还在，根据温度适当控水，新芽一样会长出来。新芽长出来后要注意及时浇水，否则会干枯。

大岩桐品种繁多

63 一枝独秀的大花蕙兰在居室好养吗？购买时需要注意什么？

优雅绚丽、气派不凡的特点一直以来都让大花蕙兰成为年宵花市场中最抢眼的一道风景线。它高大挺拔，花大，花期长，颜色丰富，黄、红、白、橘等色系的都有，甚至还有不寻常的翠绿色。通常每株出花三五枝，能连续观赏三个月才凋谢，盛花时有一种虎虎生威、豪放洒脱的气势。

大花蕙兰色彩艳丽

大花蕙兰又称喜姆比兰或洋蕙兰，它是由原产地在我国西南部和亚洲热带高原地区的大花兰属植物，如虎头兰、碧玉兰等杂交产生的后代。杂交工作在100多年前就已经开始了，第一个杂交品种是在1889年登记的，亲本是独占醇和碧玉兰。亲本植物的原生环境是附生在树上或石头上的，所以美丽的大花蕙兰也有很多它们的遗传特性，比如喜阴喜湿等。在一代杂交品种的基础上以后又进行了第二、第三代……的杂交，也就培育出了当今大花蕙兰数以千计的优良品种。

大花蕙兰是年宵花的主角之一

垂花蕙兰

垂花蕙兰

大花蕙兰

大花蕙兰的花朵精致温婉

大花蕙兰花期长

大花蕙兰花序多而以长为佳

　　大花蕙兰虽然好看让人心动，但很多人担心它在居室不易管理，其实不然。因为它是较耐寒的热带兰，能耐3℃的低温，又喜欢在遮光30%～50%的凉爽环境下生长，所以开花后非常适宜摆放在居室观赏。开花期不施肥，水分也不宜多，待栽培基质变干再浇水。一旦花序凋谢，可立即将花梗从基部剪除，然后移至阳台半阴处，保证温度在3～5℃以上，防止受冻。如果叶片出现黑斑等病症，可先将病叶剪除，然后一周

大花蕙兰人工造型

大花蕙兰人工造型

喷一次百菌清（一种广谱杀菌剂）即可。

那购买时应该注意些什么呢？下面教您一些窍门供参考。可在春节前10天购买，选择有50%已开花的植株，不要买仅有1～3朵花刚开者。因为大花蕙兰的开花时间较长，以花蕾为主的植株到了春节也可能维持花蕾状，难以达到应节开花的目的。另外，购买时看叶片有无病斑或在搬运中有无被擦伤的痕迹，叶尖是否有枯尖现象，若有就要谨慎购买。

64 地涌金莲花开能持续多久？开花后如何养护？

地涌金莲又名千瓣莲花，为芭蕉科象腿蕉属多年生草本植物，也是佛教中"五树六花"之一。地涌金莲叶丛生，似芭蕉叶。具假茎和匍匐茎，花序直立，密集，苞片黄色，由多枚苞片形成莲座状的花序，极具观赏性。6枚苞片为一轮，顶生或腋生，金光闪闪，形如花瓣，层层由下而上逐渐展开，能保持较长时间不枯萎，且鲜艳美丽而有光泽，恰如一朵盛开的莲花。每枚苞片内有花2列，每列4～5朵花，花序的下部为雌花，上部为雄花。因为地涌金莲的花苞生长速度要快于叶片的生长，花苞数量较多，因此开花时间较长，一般从6月份开始开花，

地涌金莲的花序

花期长达 250 天左右。地涌金莲开花后其茎干一般就会枯萎，由于茎干较粗，因此找干净的小锯或者刀将整个残花切下来，切完后在伤口处涂抹多菌灵，置于阴凉通风处，待伤口彻底风干后再进行更换盆土，施肥。

65 北方室内如何养护地涌金莲？通常怎么繁殖？

地涌金莲喜温暖、湿润和阳光充足的环境，土层要求深厚，基质需要透气、疏松、排水性好。地涌金莲不耐寒，北方地区种植需要在温室中进行越冬保护，越冬温度 5～10℃。地涌金莲一般在春、秋两季花后管理时进行分株繁殖。通常在开花后将植株根部生长的苗一个个分开，分别种植到花盆中，盆土宜采用泥炭：园土：河沙或蛭石 =6：2：2 进行配比，加少量腐熟的有机肥，或豆饼、骨粉做底肥，栽后浇透水分放置阴凉通风处进行缓苗。分株时，如果根系损伤，则要使用多菌灵涂抹伤口，待伤口完全晾干后进行上盆移栽。缓苗一周后逐渐增加光照，生长期浇水宜遵循见干见湿原则，每月施缓释肥 1 次，可促使其尽早开花。

地涌金莲黄色的苞片

地涌金莲真正的花

66 常见盆栽家养的锦葵科的花卉有哪些？灯笼扶桑和扶桑有什么区别？

锦葵科植物在家庭园艺中有很多可以盆栽观赏的花草，这个科大约有 75 属 1000～1500 种，分布于温带及热带。中国有 16 属 81 种 36 变种或变型，如常见的扶桑、木槿、木芙蓉、蜀葵、锦葵、黄蜀葵、红萼苘麻等。这些年又引进了南非花葵、戟叶孔雀葵、白花金铃花、裂瓣朱槿、南美朱槿等，使锦葵科植物在家庭养花和庭院配置中展现出新的魅力。

扶桑是我国传统花卉，为锦葵科木槿属常绿灌木，其花大色艳，周年开放，是庭院及家庭盆栽的主要花卉。灯笼扶桑原产于南美洲和中美洲的热带地区和亚热带地区，又名纹瓣悬铃花、风铃花、风铃扶桑，其株高约 2 m，叶互生，掌状五裂，通常一年四季均可开花，花腋生，花冠长约 3 cm。它那下垂的、橙色带红色纹脉的花朵形似半开展状的小橘灯，绒绒的、黄黄的花蕊羞涩地探出头，似温暖而又热烈的烛光，整株迎风摇曳，极为精致可爱。

灯笼扶桑也叫纹瓣悬铃花

扶桑色彩绚丽

灯笼扶桑性喜温暖，耐高温，生长发育最合适的温度为 15～28℃，栽培用排水良好的沙质壤土或腐殖质土为宜。灯笼扶桑花色很丰富，除了橙色，还有白色、红色、黄色、粉色等，是一种不可多得的盆栽佳品，同时还可做花篱。

扶桑不同品种

67 大丽花的主要繁殖方式是什么？什么条件能打破它的休眠？

大丽花的繁殖方式主要是分根和播种繁殖。需要保持种及品种的特性，就用分根方法；需要选育新品种，就用种子播种繁殖。大丽花的根是其主要的繁殖器官，肉质，呈椭圆形，两头尖似红薯，内部肉质呈乳白色，偶有浅黄色。块根的形状有圆球形、地瓜形、纺锤形等，因品种不同，其肥水管理差异较大。另外，大丽花为异花授粉的花卉，除单瓣型、复瓣型品种外，未经特殊处理和人工授粉，多数不易结实。大丽花花期长，从6月开到10月，但秋季开得比较好。

大丽花露地栽培

通常，北方下霜后大丽花地上部分开始枯萎，下部逐渐形成肥大的块根并进入休眠，一旦进入生理休眠，15℃以上的温度保存块根，任何时候都不会发芽。大丽花的休眠必须在低温条件下才能打破。一般0℃低温处理30～40天就可以打破休眠。所以，利用这个特性可以进行促成栽培。如果将打破休眠的块根放在2月上、中旬进行催芽，并定植在8～10℃的条件下栽培，6月即可开花。

大丽花品种

68 养护大丽花常说的"七喜七忌"指的是什么?

在大丽花的栽培管理中,大家记住"七喜七忌",并按照这些要求进行日常养护,大丽花一定会姹紫嫣红的。它们是:① 喜湿润忌旱涝;干旱时叶片容易萎缩变黄,太湿则容易徒长,如果积水则块根容易腐烂。如果萎蔫后不及时供应水分,加之阳光直射,轻者叶片边缘枯焦,重则基部叶片脱落。② 喜肥沃忌浓肥;大丽花喜肥,但也要做到薄肥勤施。通常幼苗开始10～15天1次,现蕾后7～10天1次,一直到花蕾透色时停止施肥。另外气温高的时候也不宜施肥。③ 喜阳光忌荫蔽;大丽花喜欢充足的阳光,长期荫蔽则根系衰弱,叶片薄,茎干细,花小色淡,甚至不开花。④ 喜凉爽忌酷热严寒;大丽花通常在10～32℃都能适应,15～25℃生长最好。

大丽花切花

大丽花不耐寒,一经霜打地上部分就枯萎,地下块根则休眠。⑤ 喜深大盆忌浅小轻盆;大丽花盆栽种植可以在早春翻盆换土,不然容易退化,花少色淡。重黏土栽种容易烂根,生长不良。⑥ 喜中性沙质壤土忌重黏土;⑦ 喜通风良好忌大风。通风差茎干徒长,遇到大风容易倒伏。一般用竹竿或者立杆进行绑扎,防止倒伏。

69 我们常说的小丽花是大丽花吗?

小丽花在园林以及庭院里经常能见到,其原产于墨西哥,20世纪80年代引入我国,又名花坛大丽花、小花西番莲。小丽花学名(*Dahlia pinnata*),是大丽花品种中一个矮生类型品种群。其适应能力强,对土壤要求不高,且耐高温及高湿,病虫害少。因为它花期长,花色艳丽多彩,比大丽花的应用范围广泛,做花坛、花境、盆栽欣赏等都特别好。小丽花播种繁殖居多,同大丽花的形态极为相似,但小丽花的最主要生物学特性有:多年生的花卉,通常作一两年生栽培,植株低矮,株高20～50 cm,块根较细小,茎干分枝性好,头状花序有长梗,顶生,有单瓣和重瓣两类。花径5～7 cm,花多而小,每株可以同时开放10～15朵花,且高出叶丛。花型变化不如大丽花丰富,但颜色很丰富,有红、粉、橙黄色、黄、白、蓝紫色等,从5月到霜降花开不断。

科普小链接

我们平时所说的大丽花通常泛指菊科大丽花属（Dahlia）的所有种及品种，其别名又叫天竺牡丹、大丽菊、大理花、地瓜花等。大丽花属原种27种左右，其品种是野生种间天然杂种再经人工杂交选择而成的异源八倍体，所以大丽花的园艺品种亲缘关系较为复杂。

70 为什么一到夏天，倒挂金钟就会死亡？

倒挂金钟因其花型奇特，造型小巧深受很多花友的喜爱。但是很多花友说一到夏天，倒挂金钟就会死掉，妥妥的"夏必死"。那么夏季怎样养护才能保证其正常生长呢？倒挂金钟喜欢凉爽湿润的环境，怕高温和强光暴晒，进入夏季后，光照变强，首先应对倒挂金钟进行遮阴或放置室内凉爽通风光照弱的地方，避免强光直射。温度超过30℃，倒挂金钟生长速度减缓，进入夏季休眠，所以这时候要注意控水控肥，通过喷水降低温度并增加空气的湿度。如果气温超过35℃，倒挂金钟会出现大面积枯萎的现象，这时候要及时把倒挂金钟放置在阴凉通风的地方或者放进空调房。有

倒挂金钟

含苞待放

单瓣品种

重瓣品种

时候夏季倒挂金钟的叶片会大量脱落，只剩下茎干，这就是倒挂金钟在温度过高或浇水太多情况下的保命方式，此时采取降温控水措施，待到天气凉爽后，倒挂金钟还会重新发芽，继续开花。

71 庭院里早春的浪漫二月兰怎么打理？

很多家庭都有自己的小院子，春天来了，想让院子早点感受到春天的气息，种点二月兰是不错的选择，好打理，紫色浪漫温情，让人心动。二月兰也叫诸葛菜，十字花科诸葛菜属一年或两年生草本植物，原产于我国华东、华北、西北、东北等地区，生在平原、山地、路边或田埂。二月兰花期长，优雅的花形，随着花期的延续，紫色逐渐转淡。其抗性强，耐寒、耐旱、耐阴、耐贫瘠，冬季常绿，遇霜或雪有些叶片虽然也会受冻，但早春照样能萌发新叶，并开花结实。对土壤要求不高，适应性及繁殖能力强，无需专门养护。北方的一些园林、公园，公路的路基和一些河道的护坡经常采用人工播撒二月兰种子进行绿化，不仅冬天披绿，春天紫花成片，最主要的是它还能延续自繁，而且能与其他植物混种，是集多种优点于一体的好花卉。所以，自家小院里不知道种什么的时候，种上几株二月兰，既可食叶，又可赏花。

二月兰花海

二月兰早春盛开

二月兰的花

二月兰地栽单株

二月兰群植

二月兰的花

72 凤梨和我们平时吃的菠萝是什么关系？

凤梨科植物种类繁多，约有 50 个属 2000 多种。有观赏凤梨，比如园艺栽培品种光萼荷属的粉菠萝、铁兰属的铁兰、果子蔓属的果子蔓以及丽穗凤梨属等，也有我们可以食用的菠萝属的植物，也叫艳凤梨。1945 年凤梨科植物分类学家根据凤梨的主要形态特征，将这个科分为 3 个亚科：穗花凤梨亚科、铁兰亚科、凤梨亚科。其中前两科的果实均为蒴果，而凤梨亚科的果实为浆果或者少数为多肉聚合果。《中国植物志》中介绍凤梨俗称菠萝，是凤梨科凤梨属植物。其可食部分主要由肉质增大的花序轴、螺旋状排列于外周的花组成。

垂花凤梨也叫狭叶水塔花

果子蔓

丽穗凤梨叫红剑凤梨

73 凤梨叶子发黄掉叶怎么办？

很多花友会提出为什么自己养的盆栽凤梨叶子会干黄？要想养好植物，我们首先就要先了解植物的习性。拿果子蔓来说，盆栽果子蔓喜温暖湿润的环境，适宜的生长温度在 18～28℃，温度过低、过高都会影响其生长，温度过高生长缓慢，温度过低会影响色泽，最终都会导致叶片干枯、发黄、掉叶现象。因此，适宜的温度是保证其叶色青绿的前提。其次，果子蔓喜欢光照，但不喜欢强光，一般光照强度在 18000～25000 lx 为最佳光强，光照太强，叶片容易灼伤，也会引起叶片发黄，这时只要适当进行遮阴或者将花盆移入半阴环境即可。最后果子蔓喜欢湿润的环境，但浇水太多会让盆土中积水太多，造成烂根，而浇水太少也会因缺水而造成黄叶，因此需经常性地向叶面喷水增加空气湿度，而向盆中浇水的时候不要直接浇到盆中基质中，通常保证底部叶柄基部的"叶杯"中有水就可以了。

凤梨小苗

不同颜色的果子蔓

74 鸿运当头的红色看起来很鲜艳，但是为什么养一段时间颜色会变暗淡呢？

鸿运当头是一种观赏凤梨。首先，温度是影响鸿运当头花色的重要因素之一，在15～22℃的环境下，它才能显示出自己那种鲜艳的红色。其次，光照也是它保持红色的重要因素，要使它保持鲜艳的红色，必须确保足够的阳光，在冬天光照强度较弱时每天至少需要4～5小时的光照，而夏季光照太强的时候，需要将其置于散射光下，忌置于阳台强光下，这样不仅不能保证颜色的鲜艳，强光还可能使叶片干枯发黄；最后水肥也会影响花色，鸿运当头喜酸性，不喜盐分，尤其是钙盐和钠盐，因此pH值高于7时，植株吸收养分不良，叶片失去光泽，光合作用降低，颜色也会变淡。鸿运当头一般开花时间在冬季，因此需要足够的肥力才能保证它的红色不会变，通常每隔一周施一次肥。

姬凤梨

老人须也是一种凤梨

75 凤梨是一次性花卉吗？老植株开完花后该怎么处置？为什么家养凤梨不容易开花？

凤梨类的植物很多，一些作为商品花卉的凤梨类植物开一次花后1～2年就枯萎了，比如过年为了喜庆，家里买一些有红、黄、紫色花序的果子蔓、粉菠萝、丽穗凤梨等。但是花后不建议把老植株扔了，可以继续按照常规管理办法来养护，通常会在老植株的周围长出3～4株数量不等的小芽，等其长到10 cm左右大时就可以移栽了，移栽完小植株，老植株就可以不要了。

大多数凤梨类植物喜欢明亮的半阴环境，叶片稍微硬质化的凤梨喜欢充足些的光线。凤梨不开花，最首要的原因就是光照不足。其次是施肥不足。最后是凤梨类植物必须要长到一定的生育阶段才能开花。

龙骨瓣丽穗兰

珊瑚凤梨

紫花凤梨也叫铁兰

76 怎样选购凤梨的盆栽商品植株？

凤梨类的观赏植物种类较多，形态特征差异也比较大，虽然不能一概而论，但在购买时把握以下3点，观赏的时间会较长。首先，看植株根基部，基部硬实翠绿、有生气，说明生命力强，长势正好。第二，看叶片，叶片排列有序，有光泽，很完整，没有黄斑点及黄尖，没有见到剪刀修剪过的痕迹，也没有干枯的叶片，说明植株生长没有衰退，健康无病虫害。第三，主要看花，花茎直立健壮，花的色彩鲜艳有光泽，花苞片没有划折痕、花颜色越艳越好。如果花颜色发暗则不宜购买。

迷你小凤梨

水塔花

星花凤梨

紫花凤梨

购买后运输过程中要注意，由于冬季室外与室内温度相差较大，要给凤梨进行防寒保护措施。到家后不要急于把植株放在高温的地方，要慢慢升温让其适应室内的温度，以免温差大给植株造成伤害。

77 怎么挑选购买风信子种球？

风信子是春节以及春季常见的球根花卉，要想花开得好，种球的质量尤为重要。那怎么挑选质量上乘的种球呢？① 种球表皮无创伤，其外层的肉质鳞片不是因失水而过分皱缩。② 球根没有霉变或者软腐症状。③ 球体手感坚硬充实。购买的时候可以在手中掂一掂重量，有沉重的感觉最好。毕竟家庭种植购买的种球都是经过低温处理过的，其开花所需要的养分就储藏在种球中，饱满的种球是开出美丽花朵的重要前提。④ 目测种球的大小，因为其大小必须达到一定的尺寸才能正常开花。

风信子品种

78　水培风信子在小型年宵花中较常见，养护中要注意什么？

风信子利用特制的玻璃瓶即可进行水养观赏，既能看花，又能赏根，水培瓶子的瓶口呈杯状，种球刚好能稳妥地放在上面。一般11月即可用这种方法处理，瓶内装水，球根下部不要接触水面，将瓶子放在冷凉黑暗的地方进行发根1个月，这样白白的根系就长出来了，并开始抽花茎。此时，将瓶子挪至有阳光的地方等待花开。水养期间，每隔3～4天换水一次，换水时不用将根取出，以免根系受伤。一般情况下，瓶内水中不需要添加营养，如果确实需要添加，可以适量加入配制好的营养液。另外，瓶子下部也可以放一些彩色小石子，可以增加美观度。

水培风信子的根也很有韵味

79　风信子花开后怎么养护第二年还能再开花？

风信子在自然条件下通常3～4月份开花，花后进入盛夏休眠期，一般家庭养护风信子在这个时候需要将茎叶已经枯黄的球茎挖出，注意不要损伤鳞茎的表皮，否则

水培风信子

在贮藏期容易引起病害,之后阴干并贮藏在凉爽干燥处。贮藏的条件是:先放在30℃的条件下两周,然后17～25℃的条件下连续3周,最后放置在13℃条件下贮藏。这样处理可以让鳞茎内形成花芽,到10月份就可以进行秋季栽植管理了,一般气温下降到13℃或者更低的时候进行移栽,最佳栽培温度是9℃。如果温度过高会影响根系生长的质量。

80 如何区别四季桂、月桂、银桂、金桂和丹桂?

桂花有四季桂、月桂、银桂、金桂和丹桂等,区别主要在花色、花香和花期等方面。其中四季桂和月桂比较常见,树形圆球形,叶片大,一年内除严寒酷暑外,均能开少量的花,特别是秋季花最多。其初花期乳黄色,盛花期转至乳白色,香味较淡。

月桂和四季桂比较像,但月桂叶片较小且厚实,花量小,抗寒性较强。

银桂枝条相对柔软,叶片较长,色淡且薄,叶缘波状起伏比较明显,整体枝叶较为稀疏。花朵密生,香味较为浓郁,初花期乳黄色,盛花期转为银白色。

桂花庭院孤植

金桂枝条粗壮挺拔，叶片浓绿光滑，质地较硬且厚实，叶全缘或仅在叶片上部稍带粗齿。花期稍晚一些，9月下旬到10月上旬开花，花量大且整齐，浓香。初花期黄色，盛花期转为金黄或者橙黄色。

丹桂分枝少，挺拔，叶片狭长，叶面粗糙，质地厚实，叶色墨绿色。花橙黄色，有的盛花期转为紫色，香味较淡。

桂花

81 盆栽桂花为什么不易开花？

桂花寿命长，开花比较晚。实生苗一般要生长10年左右才开花，月桂和四季桂的嫁接苗当年可以开花，扦插苗也要等到3～4年后才开花。因此，如果盆栽桂花到了年龄还不开花，就应该从养护方法上寻找原因。第一，桂花喜欢阳光，是长日照植物，如果阳台荫蔽，每天日照时数达不到10个小时，开花会受

丹桂

影响。第二，施肥不当。如果长期施用氮肥，只会促进营养生长，影响开花。第三，浇水过多或者雨天盆内长期积水，导致烂根落叶，影响开花。第四，长期不换盆导致根系无法伸展，营养得不到补充，也会影响开花。第五，冬季过早入室越冬，桂花得不到低温休眠的生理需求，影响花芽分化，继而也会影响第二年开花。第六，桂花不耐烟尘，如果周围环境空气污染，容易引起植株生长不良，叶片变小易脱落，影响开花。

82 怎样修剪才能使盆栽桂花树冠丰满？

桂花枝条发芽率比较低，通常一个枝条只能萌发一个顶芽，周围的腋芽基本不动，整体呈现单枝延伸生长状态。可以采取将枝条缩短到基部进行重剪，迫使潜伏芽萌发，可以多形成几根枝条，具体如下：首先，春天抽发的嫩枝停止生长时，将所有的新枝从基部掰掉。这样经过10～15天，枝条周围的腋芽就会迅速萌动，比掰掉的新枝多3～5倍，且短而紧凑，有利于早成型并进入花期。

桂花果实

同时调整枝条的角度，使树冠开展、扩大。其次，发芽初期，对过强、过弱、过密的幼芽要及时摘除掉，以保证新枝生长匀称。最后，注意施肥强度，在发芽期间尽量不要施肥，否则新芽会脱落。当新的枝叶都展开后，枝条已经封顶生长了，这个时候再适量施肥就不会有问题了。

83 蝴蝶兰是一次性花卉吗？

蝴蝶兰为附生型热带兰花，被誉为"洋兰王后"。是很多家庭节日的必备花卉，但开花后，很多人都把蝴蝶兰作为一次性花卉丢到了垃圾桶中，实际上如果花后加强管理，第二年春季甚至多年后仍可开出绚丽的花朵。

首先需要修剪掉已经开败的干枯花茎。未干枯的花茎分两种情况，一种是花茎上还生有花芽，不要剪，小心养护，之后还会开出花来。另一种是在花茎基部留1～2个芽点，然后将其上部花枝剪掉，或者直接将花茎从基部全

蝴蝶兰组合

蝴蝶兰不同品种

蝴蝶兰商品苗

蝴蝶兰小苗

部剪掉，管理到位，会在芽点处萌发出花茎来。

其次温度。蝴蝶兰喜高温高湿，一般春节前后为盛花期，适当降温可延长观赏期，可控制在 13～16℃，勿低于 13℃；夏季注意通风，温度高于 32℃进入半休眠状态，避免持续高温。冬季勿将蝴蝶兰放于暖气片上或离之过近。

第三水分。由于蝴蝶兰的根系是气生根，栽培基质通常是水苔，所以需要保持水苔潮湿，浇水水温与室温接近。如果冬季室内空气干燥时，可用喷雾器直接喷于叶面，但勿喷花朵及叶心处。现在市面上有出售蝴蝶兰专用花盆，在浇水方面会省点心。

第四光照。蝴蝶兰不喜欢阳光强烈的条件，因此放于室内散射光处即可，比如阳台内侧靠里，勿让阳光直射。花期前后，适当的光可以促使蝴蝶兰开花，且艳丽持久。最后营养供应。施肥原则应少施肥、施淡肥。正常生长期用兰花专用肥 2000 倍液进行根部施肥，15～20 天一次；开花前施用水溶性高磷肥 1000～2000 倍液，10 天一次；花期及温度较低的季节停止施肥。

84 红掌最具观赏性的像手掌一样的是花瓣吗？能水培吗？

红掌为天南星科花烛属多年生附生常绿植物，其花名源于希腊语"花序"和"毒箭马鞍子"，直译为"尾巴花"，这很形象地说明了其穗状花序的形状。其佛焰苞也就是我们所说的"花"，通常为心形，颜色以大红色为主，还有粉色、白色、绿色等新品种。

红掌是1853年在拉丁美洲哥伦比亚海拔360 m处被发现，19世纪在欧洲开始栽培观赏。它可以附生在树干或岩石上，长长的气生根除了有盘绕固定功能外，还可以吸收树体营养，并能从空气中吸收水分，因此红掌完全可以水培养护。它既可以做鲜切花，又可以盆栽，目前在全球热带花卉贸易中红掌的销量仅次于兰花，名列第二。红掌的叶片和佛焰苞片均有蜡质光泽，开花持久，花色喜庆，株形优雅，火红的苞片和翠绿光亮的叶片，在寒冷的冬季给人们带来浓浓的暖意，非常适宜北方有暖气的室内摆放，因此也是春节年宵花市上的常客。

颜色各异的佛焰苞似手掌

85 怎么让红掌在居室养护中常年开花？购买时应该注意什么？

红掌喜欢温暖潮湿和半阴的通风环境，最怕低温和冷风，冬季室内温度最好维持在15℃以上。商品盆栽红掌在管理中应注意以下几点：水少浇，勤喷水，勿施肥。水多根易烂；用雾状喷壶喷洒叶面和花主要是提高红掌周围小气候的相对空气湿度，这样对其生长有利，对来年再开花也有保证；由于年宵红掌花正值盛花期，所以不需要施肥，否则只会缩短花期，影响观赏。红掌的观花期可长达2～3个月，直到佛焰花苞色泽变暗失色枯萎为止。这个时候可将已经凋谢的花序从基部剪除，以免消耗养分。

红掌花期较长，一般在春节前10天挑选株型匀称，花多且佛焰苞已显色者购买。

佛焰苞有黑斑或叶片发黄的植株，尽量不要购买。花枝或者花苞中央的肉穗花序变黑腐烂，则有可能受寒冷所伤，也不要购买。红掌是一种不耐寒的花卉，临近春节期间温度已经低于其生长极限，所以红掌一定要在有保温设施的温室或花市上购买，否则寒冷的天气很容易使红掌产生冻害。还有买后往家运输的过程中也一定要保温，否则易受冷害。

86 为什么红掌养一养，"红掌"变成"绿掌"呢？

很多花友红掌养了一段时间，发现花变绿了，原本是黄色的花蕊也变绿了。其实，我们通常观赏的红色花部分为其苞片，黄色为其花序。在盛花期其苞片为红色，花朵为黄色，颜色鲜艳，而花期后其苞片颜色变淡，花序变绿，这是一种正常的生理现象，这时只需要进行修剪，增加土壤肥力，等待来年花期到来即可。如果不是因为花期的原因，那么在养护中就要注意以下几个问题：① 温度过低或过高，红掌适合生长温度为20～30℃，低于15℃红色会逐渐变为绿色，高于30℃将提前结束花期，花苞也会变绿。② 光照不足，红掌不耐强光，但对光还是有需求的，长期处于光照不足的环境，其花色会变淡。③ 养分不足，

红掌的不同品种

红掌花期较长，耗费的养分较多，因此花期一定要及时补充肥力。可以施一些氮、磷、钾的缓释肥，适量增加镁肥，减少氮肥。

87 为什么红掌的叶片会发黄、变褐色？

红掌的叶片发黄、变褐色一般是因为养护不当所致。比如浇水过多、空气干燥、光照太强或者温度过低等。红掌原产于热带雨林中，适生温度为20～30℃，适生空气湿度为70%～80%，忌强光直射。因此，温度低于15℃，红掌会停止生长；低于7℃时，叶子会发黄、变褐色，产生冻害，这时候只要将冻害叶子剪掉，将其置于高于15℃的环境中，可逐渐恢复其生长，但切记不能直接将红掌置于暖气或者散热器的旁边，忽低忽高的温度会加速其死亡。红掌喜欢湿度高的环境，但是长期土壤湿度高，会引起根部缺少养分，通气不畅而变腐烂，体现在外观上就是叶子变黄，发褐，因此，如果经常给红掌浇水，就要看看土壤湿度是不是过高。如果因为浇水太多，要及时剪掉黄叶，检查是否有烂根，切除掉烂根后浸泡杀菌液，更换盆土，放置适合环境下进行缓苗。此外，空气湿度低也会出现黄叶，这时可在其周围喷雾状水增加空气湿度即可。

88 鹤望兰作为高雅的切花品种，家养能开花吗？

鹤望兰其实并不属于兰科，它属于旅人蕉科。它的叶片不像兰花那样纤细苗条，如同芭蕉叶，宽阔厚实。其花冠为橙黄色，佛焰苞紫色，正是因为它那独特的花枝，所以又被称为"天堂鸟"或"极乐鸟"。鹤望兰是世界十大鲜切花之一。它的故乡在好望角一带，在当地它被非洲人视为"自由、吉祥、幸福"的象征。1984年，在第23届洛杉矶奥运会上，每一个荣获金牌的选手都拿着一束艳丽的鲜花，在这一束鲜花中有一枝奇异的花束，这就是鹤望兰，所以众人又将其称为"胜利者之花"。

在园艺上，鹤望兰的品种不多。据记载只有几个花冠颜色不同的变种和品种，有橙黄色、柠檬黄色、金黄色等。鹤望兰已经被

鹤望兰

广泛应用于不同风格的艺术插花和瓶插中,其盆栽欣赏近来也比较受欢迎。鹤望兰是喜光植物,首先要光照充足,适合在23～25℃的柔和光线或散射光下生长。如光线不足,过于荫蔽,则植株瘦弱,出芽少,开花不良或不开花。其次要及时换盆,最好一年一次。因为鹤望兰的根系特别发达且生长迅速,换盆有利于根系生长,吸收营养物质。三是栽培土壤要疏松通透性好,因为其根系为肉质,不耐水渍,很易烂根。最后是水肥要适量。鹤望兰既怕旱又怕涝,所以浇水应随季节、植株的发育状况以及土壤干湿情况而定,以盆土保持略干为好。4月开始,每半月施一次稀薄肥水,这对花芽的形成非常有好处。通常,从花朵出现到开花约需60天,每朵花可开1个月左右,一个花序着花6～8朵,依次开放,清新而又高雅。

家养鹤望兰时可用分株的办法进行繁殖。由于鹤望兰为典型的鸟媒植物,需要人工授粉后才能正常结实。

89 与鹤望兰同属的种都有哪些?鹤望兰和芭蕉是同属植物吗?

鹤望兰是鹤望兰属多年生草本植物,该属是旅人蕉科最重要的一个属。鹤望兰原产于南非,现在世界各地广泛栽培,跟它同属的植物还有尼古拉鹤望兰(*Strelitzia nicolai*)、白冠鹤望兰(*Strelitzia augusta*)、尾状鹤望兰(*Strelitzia caudate*)、棒叶鹤望兰(*Strelitzia juncea*)等。鹤望兰和芭蕉是两种完全不同的植物,同科不同属,芭蕉是旅人蕉科旅人蕉属植物。另外从形态上来看二者差异较大,芭蕉更高大些,花序腋生,叶片翠绿宽大,而天堂鸟更矮小些,花是佛焰苞状的,叶片灰绿色,较狭窄。从观赏角度来看,芭蕉是大型的观赏草本植物,常孤植于园林绿地中,而鹤望兰主要盆栽观赏,也可地栽做地被植物,花叶可以用来作切花和切叶。

盆栽观赏

鹤望兰独特的花

90 目前市场上商家出售的称为鹤望兰的品种是真的吗?

鹤望兰极具观赏性,花色鲜艳,花朵硕大,叶片四季常绿,也是插花艺术常用的点睛素材,市场销售前景好,一些不良商家便用其他品种来冒充,其中容易和它混淆的主要有尼古拉鹤望兰或者旅人蕉。前者也叫大鹤望兰,花朵白色,没有鹤望兰美丽有特色,如果户外栽培可以长到5 m以上,而鹤望兰作为盆栽观赏也就2 m左右。目前我们最常见的假鹤望兰是用旅人蕉苗冒充的,鹤望兰属于旅人蕉科,和旅人蕉非常相似,幼苗期很难分辨清楚。旅人蕉的叶子更翠绿更大,从观叶角度来看比鹤望兰要好,生长速度也比鹤望兰快,所以一些商家用旅人蕉冒充鹤望兰不在少数。

鹤望兰的果实　　　　　　　　　双头鹤望兰

科普小链接

鹤望兰(*Strelitzia reginae*)是20世纪90年代从国外引进的花卉品种,其花形独特,色彩夺目,花蕊呈天蓝色,围在花蕊周围的花萼却是艳丽的橙黄色,而托在底部的苞片又是镶有紫边的蓝绿色,整个花形绽放在浓郁挺拔的绿叶中,颇似仙鹤昂首遥望之姿,因此国人命名为"鹤望兰",又叫天堂鸟。

91 荷包牡丹繁殖方法有哪些?

荷包牡丹主要有四种繁殖方法,分别是:

(1)分株繁殖:荷苞牡丹以分株繁殖为主,春季当新芽开始萌动时进行最好,也可秋季萌芽期进行，将地下部分挖出，清除老腐根，按自然分段顺序分开，分别栽植，约3年分株一次。

（2）分根繁殖：早春3月将根掘出，用利刀切取新根茎，每个根茎带3～5个芽栽于盆内。

（3）扦插繁殖：扦插四季均可进行，可剪取8～10 cm长、开过花的健壮嫩枝，注意每段必须带有芽眼，泡入水瓶中放置阳光处，20～25℃温度下，20天左右生根；或者取幼嫩枝条插入素沙中，20～30℃温度下，10～15天即可生根。取出直接栽于小盆中，恢复生长后，打顶2～3次，以促分枝，使株形丰满。也可直接插在培养土或素沙土中，保持较高的空气湿度和一定的土壤湿度，2周左右即可生根。扦插成活率比较高，且次年就可开花。

（4）播种繁殖：可在秋季进行播种，对种子进行湿沙层积处理后，次年春季进行播种。由于荷苞牡丹的种子细小，因此在播种时覆土不能太厚，或直接播种不覆土。但不论哪种情况，播后都必须保持表土湿润状态，若出现干燥要及时喷水，盆播也可使用"浸盆法"，播种所得的实生苗3年才能开花。

荷包牡丹全株

92 怎样才能使荷包牡丹花苞大、花蕾多？

荷包牡丹对土壤要求不严，喜湿润和含腐殖质的壤土，在沙土和黏土中生长不良。盆栽时，盆底应放蹄片作基肥，土壤需疏松，忌用黏性土。春季萌芽前和生长期施些饼肥及液肥，这样可使其花叶繁茂。特别注意以下几点：

（1）温度：荷包牡丹耐寒而不耐夏季高温。春季萌发早4～5月开花。夏季高温到来前6～7月地上部即枯萎，进入夏季休眠。盆栽冬季放在室内有阳光的南窗前，维持16℃以上可使植株开花，低于12℃则会导致叶片发黄、脱落，甚至全株死亡。

（2）光照：夏季应适当遮阳，避免强光直射。此外，还应每周转一次花盆方向，以免茎枝偏向一边生长。花期约半个月。花后剪掉残花，将盆放半阴处进行夏季休眠。栽培中过度荫蔽和施用氮肥过多，会使茎叶徒长，不但开花减少，还会造成植株倒伏。

（3）水分：不耐旱怕水涝。平时保持盆土湿润，但不能积水，否则容易烂根。喜空气湿润，可经常向植株喷水，以增加空气湿度，使枝叶青翠光亮。雨季要防积水，若盆栽宜选用深盆，下部多放些瓦片以利于排水，生长期最好浇1～2次肥水。

（4）病虫害：主要病害是茎腐病，危害茎与叶，感病植株基部腐烂，倒伏死亡，叶片感病后出现暗绿色水渍状圆斑，用65%敌克松600～800倍液防治。

荷包牡丹

93 荷包牡丹如何促成栽培？

荷包牡丹可以进行促成栽培，花后植株的地上部分枯萎，这时将植株挖出，栽植于盆中，放于冷室，待秋季落叶后，经常保持湿润，至12月中旬然后放在空气比较湿润、温度在12～15℃的环境条件下，注意养护管理，约2个月即可开花。

荷包牡丹

> **科普小链接**
>
> 荷包牡丹（*Lamprocapnos spectabilis*）又称铃儿草、兔儿牡丹等，罂粟科荷包牡丹属多年生草本花卉。原产于我国北部及日本、西伯利亚等地，我国各地园林均有栽培。株高 30～60 cm，具根状茎。叶对生，嫩绿色，有长柄，二回三出复叶全裂，一回裂片具细长柄，二回裂片具短柄或无柄，三回裂片呈卵形，全缘或具小裂刻。总状花序顶生呈弓形，花两侧对称，萼片二枚早落；花瓣 4 片，外方一对为淡红色至紫红色，基部呈囊状，内方一对为白色，伸出于外方花瓣之外。单个花形似一把小剪刀，而整个花序又似一串串小荷包，非常美观。荷包牡丹春季萌发早，花期 4～5 月。因叶似牡丹，花似荷包，故而得名，小花悬于花枝上，玲珑可爱极为美丽，庭院栽培或盆栽室内观赏均宜。

94 红萼苘麻什么季节开花？

红萼苘麻是软木质常绿灌木，可作为垂吊或藤本观赏，花朵红艳似灯笼，别名为蔓性风铃花，也叫灯笼花，格外漂亮别致。那么红萼苘麻是不是也像其他大多数观赏植物一样有固定的花期呢？红萼苘麻是很勤快的，只要温度条件合适，它可以一年四季都开花。如果冬季搬入室内，也是可以开花的，元旦、春节期间还可以增添喜庆气氛。在西安地区，如果选择光照好又避风的小环境，冬季在室外过冬是完全没有问题的，而且照样可以开出精致漂亮的灯笼花朵。

红萼苘麻

红萼苘麻

冬季12月上旬在西安地区的表现　　　　　　红萼苘麻花开满枝

95 花毛茛有毒吗？适合家庭盆栽吗？

花毛茛（*Ranunculus asiaticus*），俗名芹菜花，洋牡丹，为毛茛科毛茛属多年生草本花卉。原产于欧洲，我国20世纪90年代开始从荷兰、日本等地引进。花毛茛株姿秀美，花色丰富艳丽，可以作为切花材料，亦可盆栽和园林种植，观赏价值非常高，但是很多花友质疑毛茛科植物大多都有毒，是否适合家庭盆栽呢？花毛茛属于毛茛科，理论上会具有一定的毒性，但是目前没有准确的结论。但作为观赏植物家庭盆栽，又不进行食用，所以就不需要担心其对人体的伤害，家中有小孩的应放置在避免能触碰的地方，以防误食引起不良症状。

花毛茛群植非同凡响

96 花毛茛开花后的球根必须挖出来吗？

花毛茛喜凉爽和半阴环境，不耐炎热，花期在春季，6月份花期过后就进入休眠状态，由于花毛茛是多年生宿根，因此，一般在花期过后要及时采收避免夏季高温和多雨造成球根的腐烂死亡，但如果是家庭盆栽花毛茛，可以待地上部分枯萎后，将盆移至温度20℃左右的环境中，减少浇水，保持盆土适当湿润。如果盆栽环境达不到要求或者是露地种植花毛茛，就要在花毛茛茎叶完全枯黄，营养全部积聚到块根时及时进行采挖。采挖的块根去掉泥土等杂物，剔除病伤残块，清水冲洗后使用杀菌剂进行消毒，然后在阴凉通风处晾干，最后装入布袋或细沙中置于通风凉爽环境中贮藏，秋季将球茎取出再进行盆栽。

花毛茛布置花境

花毛茛的品种

97 盆栽的荷花可以用莲子播种育苗吗？

莲子一般在7～8月份成熟，播种期可以放在当年也可以放在翌年春天。播种前需要将坚硬的莲子剪破，注意不要伤到莲子肉，然后在水中浸泡，每天换水，一周左右就可以发芽，待长出几片叶子的时候就可以盆栽了。盆栽时注意塘泥上方水面保持一定深度，以防止长出来的嫩叶被日光灼伤，随着幼苗的生长再不断提高水面，注意水深不要超过叶面。播种后开始生长的荷花应放在背风向阳处，如果塘泥肥沃就不用再施肥了，要经常清除水苔和杂草等杂物，保证荷花苗正常生长。

荷花池塘

荷花的品种

荷叶水珠　　　　　　　　　莲蓬　　　　　　　　　盆栽荷花

98　金边瑞香名字吉祥，芳香扑鼻，能养在居室吗？

春天来了，很多开花的植物都要挪出去了，房间里少了些翠绿，少了些芬芳，让人不舍。不过倒是有一种植物在早春既能在居室养护，又能观其绿叶，闻其花香，它就是早春观叶的室内香花——金边瑞香。瑞香又叫蓬莱花、千里香，是一种常绿灌木，其花芬芳浓烈，株形、叶色俱美，因而深受家庭喜爱。传说庐山有位僧人昼寝于磐石之上，睡梦中被浓香熏醒,后寻到花株,并命名为"睡香"。因为它的花期正值群芳消歇,是在严寒的春节前后盛开,人们认为这是瑞气临门,吉祥如意的征兆,便又改称为"瑞香"。瑞香的香味属混合香型,它既有幽兰的清香,又有玫瑰的浓郁,在旧时也被人称为"夺香花"。

瑞香品种有很多种,但盆栽以金边瑞香为佳品,故有"牡丹花国色天香,瑞香花金边最良"之说。金边瑞香虽属小灌木,但花市上出售的金边瑞香通常都经过花工的巧手,用细铅丝缠绕枝干,并弯成所需要的形态。一般经过1~2年株型定型后即可拆除铅丝。这样造型出来的盆栽金边瑞香株型紧凑,枝叶平展,花朵盛开时平铺于叶面上,观赏性很强。

金边瑞香花香叶色独特

金边瑞香喜欢散射光,忌烈日。冬季需移入不低于5℃的室内养护。室内放在南边窗台或阳台即可。平时要注意观察金边瑞香的金边叶片,如果金、翠两色光泽油亮,叶挺拔向上,说明肥水正常;若叶片下垂,便是用肥偏浓、偏生、偏勤或是浇水太多、太勤,要查明原因采取措施。浇水太多,容易纠正,若是用肥不当,可连续浇几遍透水,让肥从盆里流掉,然后放在通风处,促使盆土快干。若是烂根,则须翻盆,将烂根剪掉,用杀真菌药洗净,栽在沙土里让它重发新根,上部枝叶也要相应地剪去一些。

金边瑞香枝干丛生,萌发力较强,耐修剪,通常花后要进行整枝。危害金边瑞香的主要害虫也是我们常见的蚜虫和蚧壳虫,一般多在干热气候时出现,应提前预防。病害主要是病毒引起的花叶病,染病植株叶面出现色斑及畸形,开花不良和生长停滞,发现后应连根挖除并用火烧毁,以免影响家里的其他盆栽花卉。

99 君子兰为什么会"夹箭"？应该怎么处理?

君子兰是传统的、观赏价值较高的家庭盆栽花卉,喜欢温暖凉爽的气候,怕高温严寒,通常夏季休眠,秋冬季节生长。家庭养护通常会出现花箭夹在叶片中间,不能正常伸长生长,导致观赏性降低。原因有以下几点:

① 温度不适宜。君子兰一般窜箭的适宜温度为20℃,在此生长期,温度若低于15℃,箭葶不易出,形成"叶里藏花"。② 温差不够。君子兰生长期间要有一定的昼

夜温差，以便积累养分。一般白天温度要高于夜间。当花芽分化后窜箭前，温度应控制在25℃，昼夜温差8～10℃，花箭易出。③施肥不足。秋后君子兰进入生殖生长期，需肥量较大，应增加施肥次数，以磷、钾肥为主，半月一次。或向叶面喷施0.2%磷酸二氢钾水溶液，促进抽箭开花。④浇水不当。君子兰花箭花梗形成期为生长高峰期，需水量大，浇水不足则会出现"夹箭"现象。

垂笑君子兰

君子兰盛开

100 君子兰为何多年不开花？

君子兰儒雅的风范让很多人青睐不已，但要想养好它首先要清楚君子兰最基本的习性。君子兰喜欢温暖、湿润及半阴的环境，怕酷热和阳光直射。一般情况下叶片长到14片以上时才能开花。君子兰如果达到这个标准仍不开花的话，那就是养护的问题了。一般家庭养护时，水分、肥水好控制，掌握水分不宜大，氮肥不宜多即可。但难以把握的就是温度和光照了。如果后者达不到生长要求，那么君子兰就会只见长叶，不见开花，或者花小色淡，影响观赏效果。具体温度和光照怎么调节呢？下面就通俗易懂地讲一讲。

君子兰生长的温度为15～25℃。夏季尽量放在通风、凉爽、湿润的地方，不要超过

君子兰含苞待放

君子兰果实

30℃；冬季温度降到10℃以下时要移到室内，保持15℃左右即可。君子兰的正常花期一般在3～4月，白天和晚上的温度要有7～10℃的温差，这样才能有助于花芽的分化，花蕾才能形成。

其次是光照方面。君子兰属于半阴性植物，无光不行，光强也不行，只有在短日照条件下才有利于开花。因此，早春、晚秋和冬季的光照对促进君子兰开花结果极为重要。一般西安地区4月下旬就需要开始稍加遮阴，以后不断加大遮阴，9月下旬再逐渐增加光照即可。

另外，有些人养的君子兰刚开始叶片还整整齐齐，一段时间后叶片的排列会交错混乱，这主要是叶片的伸展方向与光照方向垂直所致。正确的做法是：将叶片的伸展方向与光照方向平行，并且每隔一周调换一下花盆的位置，让花盆转180°，让另一侧叶子靠近有阳光的地方，这就应了养护君子兰的一句老话：侧视一条线，正视如开扇。掌握以上方法，我想你家养的君子兰一定会花繁叶茂的。

101 我们所看到的菊花是一朵花还是一个花序？

我们经常说一朵菊花，但实际上菊花是由许多舌状花和管状花组成的头状花序，花序外层有由绿色苞片组成的总苞。总苞里是被称为"花瓣"的舌状花，其色彩和形状变化很大，是观赏的主要部位。花序中间是被称为"花心"的管状花，黄色或黄绿色的花冠呈筒状，是可以结实的两性花。自然条件下，菊花很少结实，因为管状花的雌蕊成熟早于雄蕊，形成"自花不孕"，要想结实，除了自然杂交以外，人工授粉也可实现结实。

菊花组合盆栽

102 菊花是怎么分类的？

这里说的菊花特指秋菊中的大菊，也就是传统意义上供观赏的园艺品种菊。在我国，菊花的分类有几个标准，其中按照花色分类是最早使用的方法，因为当时品种少，颜色较为单一。随着对菊花的研究和育种深入开展，仅用颜色分类就明显不足。其次就是按照花期和花朵直径来分类，前者将菊花分为早（10月下旬开花）、中（11月上旬开花）、晚（11月中旬后开花）三大类；后者把18 cm以上的列为大花类，12～18 cm的列为中花类，以下的为小花类。这两种方法也都较为粗略。最后就是按照花的舌瓣瓣形和花型进行分类，一共是5类30型，其中5类包括平瓣类、匙瓣类、管瓣类、桂瓣类、畸瓣类，这个是比较系统、完善的分类方法，也是目前园艺界普遍认同及采用的分类方法。

大菊的品种

103 栽种菊花如何选择合适的花盆？

最传统栽种菊花的花盆为底部有大孔的瓦盆。瓦盆经过高温烧制，使用时不易引发病虫害的侵染，同时瓦盆透气透水性好，在菊株传统栽培生长过程中，需要不断填入培养土，所以常用此类花盆。目前市场上出售的花盆多种多样，其中常见的瓷盆和陶盆虽然外观漂亮、装饰性强，但不透气、不渗水，不适合培植菊花，适合菊株绽放花蕾后移入室内观赏的时候当作套盆使用。另外，塑料盆也很常见，价格低廉、质轻规整，但依然不透气、不透水，不适合培植菊花，如果选择使用透气良好的基质时可以使用。

104 菊花种植如何浇水？

合理浇水是栽培好菊花的关键。首先用什么水。通常河水、雨水、池塘水都可以，井水需要提前打出来，放置1～2天，等温度和气温接近时再用。自来水同理。其次何时浇水。不同季节浇水的时间不同，冬季可以在午后浇水，其余三季可以在上午10点前后浇水。中午土壤温度较高，不建议浇水，否则影响植株生长。如果遇到上午忘记浇水，菊花植株萎蔫可以将花盆放到背阴处片刻，再用喷壶喷淋叶面，等到太阳偏西后再向盆内浇水。第三浇多少水。浇水要浇透，拦腰水不能有，要见干见湿，土壤中的水分不能长期处于饱和状态，否则土壤缺氧，根系呼吸受阻，影响生长。深秋扦插的菊芽不要多浇水，保持成活即可。4～5月份气温回升，要水分供应充足，基本每天一次。6～7月份，菊株开始生长，同时雨水较多，要控制水分做到蹲苗。8月以后天气转凉，要加大浇水量，经常保持盆土潮湿。第四怎么浇水。最好用肚子大脖子长的浇壶，可以直接把水浇到盆内，不溅起泥污，也不碰伤叶片。如果盆数较多用管子浇水，要注意尽量安装喷淋头，不可以直接用管子从高处喷水，以防损害菊苗。另外，多次浇水后土壤容易板结，土壤通透性变差，要及时松土。

地被菊的品种

荷兰菊

105　菊花如何施肥？

菊花生长的不同阶段应该施用什么肥，怎么施、施多少都是有要求和技术的。生长前期，也就是从深秋扦插到成活的第二年4月，温度低，生长慢，只要维持菊花苗子存活即可，所以不用施肥。5～6月刚上盆以及7～8月换大盆后都不用施肥，如果菊花苗子较弱，可以施用一些稀薄的液肥进行壮苗。菊花生长的后期，也就是8月上旬到10月中旬这两个月，是菊花迅猛生长的时期，需肥量大，施肥要根据不同的品种区别对待。大体上来讲，球形花需大肥，细管花、单轮花反之。8～9月施用含氮磷钾的全元素肥，9～10月增施磷钾肥，如磷酸二氢钾等。生长后期可以追施腐熟的液肥，浓度不要太大，做到薄肥勤施。

切花菊的品种

106　独本菊栽培的主要过程有哪些？

独本菊是菊花中非常有观赏价值的一类，它要求一盆一株，每株一花。独本菊花头硕大丰满，色彩鲜艳清新，观赏性极佳。独本菊的培育过程一共有3个阶段，分别是藏根采芽、育秧定植和整理观赏。其中根、茎、叶、花是统一的，培育过程中任何一个时期和环节都会影响最后的结果。5～8月是育秧定植关键阶段，5月下旬到6月上旬是扦插的好时机，从7月开始之后的3个月是独本菊栽培的关键期，其中有换盆、防涝护叶、填土施肥、裱扎、清除侧芽、防柳叶头、封顶、选蕾等几项工作需

黑心菊

要完成。

皇帝菊

金光菊

107 菊花的繁殖方法主要有哪几种?

一般菊花繁殖多采用无性繁殖，包括扦插、分株、嫁接、压条和组织培养。其中扦插最为简单易行，对于菊花来讲，扦插可分为脚芽扦插、嫩枝扦插、茎段及单芽扦插。分株主要是针对越冬的老株进行，北方地区通常在清明前后。嫁接也是菊花繁殖中经常用到的方法，通过用青蒿、黄蒿、艾蒿等作为砧木进行嫁接，可以使长势较弱

金鸡菊

的品种得以加强，这个方法常在培育大立菊、小菊盆景等多种形式的园艺菊中使用。菊花压条的成活率为100%，但由于压条繁殖既占地，产量又少，因此园艺上不常采用。组织培养主要用来繁殖稀缺的菊花品种。菊花的有性繁殖通常在清明前后播种，当年可以开花，主要有培育新品种需求时使用。

> **科普小链接**
>
> 　　菊花是菊科菊属多年生宿根植物。菊属植物共有150多种，大部分分布在亚洲东部，我国是世界公认的菊属植物的分布中心。我们常说的菊花是指针对长期的自然杂交以及人工培育而形成的栽培种。

108　中国兰和洋兰有什么区别？

兰花是高雅、美丽而又带有神秘色彩的植物，如我国古代常以君子、雅士、幽人等来称颂的兰花指的是中国兰，而那些花大、色泽缤纷艳丽的兰花则多为洋兰。中国兰和洋兰在植物分类学上统属兰科植物，均为多年生草本植物。兰科是有花植物中最大的科之一，有800余属、3万～3.5万个原生种。其中中国兰和洋兰虽为同门弟子，但其各自的"禀性"却大不相同。下面从以下几个方面进行区分。

带叶兜兰

首先，二者种类不同。中国兰是指兰属植物中的一部分地生种，一般原产于我国长江以南地区，有春兰、蕙兰、建兰、墨兰、寒兰、套叶兰、邱北冬蕙兰、莲瓣兰、多花兰等，这些兰花花小不鲜艳，但芳香、叶姿优美。洋兰又称西洋兰，原产于热带亚热带，有虎头兰、卡特兰、兜兰、蝴蝶兰、大花蕙兰、石斛及万代兰等。

建兰　　　　　　　　　建兰　　　　　　　　　绿饼兜兰

魔帝兜兰　　　　　　　肉饼兜兰　　　　　　　秀丽兜兰

肉饼兜兰　　　　　　　金边墨兰　　　　　　　卡特兰

墨兰　　　　　　　　　中国兰　　　　　　　　紫香兰

其次，栽培容器不同。中国兰栽培用的花盆以小、高而窄为好，通常用瓦盆或宜兴紫砂盆。洋兰栽培用的花盆形状和规格没有限制，但通常多使用盆底和四周多孔的塑料盆。对于附生性状极强、气生根极发达的洋兰，如万代兰等，则使用木条制的木框。有时也少量用树蕨板或木段栽植蝴蝶兰等附生兰。

第三，栽培基质不同。中国兰栽培用的基质除了用原产地林下的腐殖土、腐叶土外，也可用苔藓或颗粒状的碎砖块。现在花市上已经有专门针对中国兰而出售的兰花基质了，养兰爱好者更方便了。洋兰的栽培材料主要是水苔，花市上有出售，还可用树皮块、蕨根、碎砖块、椰子壳等。

第四，栽培方法不同。中国兰在我们国家栽培的历史悠久，经过长期栽培实践，研究总结了一套"中国兰栽培方法"，从基质、光照和温度的控制、浇水、施肥量的界限、日常观察和管理等方面都有较为严格的说明。洋兰多为附生兰，其原生环境常多为树干或岩石上，其生态习性和栽培方法与中国兰大不相同。

第五，鉴赏标准不同。东西方地域不同、文化不同、价值观不同，对兰花欣赏的角度也不同。人们通常以善为本，善是美与真的灵魂，这种审美观念是中国兰鉴赏的独特之处。而洋兰的欣赏主要侧重于色彩，以色取悦，以形取宠，这点与讲究内涵的中国兰鉴赏标准完全不同。

109 兰花能结种子吗？种子可以在家里播种出苗吗？

兰属植物一般都能结果实，因其需要经过昆虫或者人工辅助授粉才能结实，而且从受精到发育成熟至少需要半年甚至更长的时间，所以不常见。兰属植物的果实为蒴果，其形状大多为长卵圆形或者纺锤形，且因种类不同，其果实大小和形状也会有所不同。果实成熟时易炸裂随风散后，果皮和果柄逐渐枯黄，最后变成黑褐色。

春兰

通常情况下，兰花果实的种子量很多，每个果约有几千到上百万个特别细小的种子，且多数没有胚乳，中心仅有一团未分化的胚细胞。种皮内含有空气，不易吸收水分，易随风和水流传播。兰花种子内几乎没有贮藏物质，在萌发过程中缺少营养物质，自然条件下很难萌芽，且幼苗生长缓慢。因此，家庭很难播种出苗。

110 兰花的生态习性是什么？家庭养兰花在光、温、水、气、土方面需要注意什么？

兰花的生长发育与环境条件有着十分密切的关系，特别是适宜的光照、温度、水分、空气、基质等，缺一不可。

（1）兰花性喜半阴，光照不足，兰株软弱徒长，光照过强，叶片易晒黄或晒焦。因此养兰"以十分计，七分蔽日，三分露天，足矣。"夏日早上8点前可以让阳光直射兰株，8点后需要用50%～70%的遮光网遮挡阳光。

（2）兰花对温度的要求因种类不同而有较大差异。洋兰原产于热带，性喜高温，

墨兰

中国兰原产于亚热带和温带,喜欢冬暖夏凉的气候,适应范围相对广一些。比如春兰和蕙兰,室内0～2℃即可安全越冬。环境温度低温不好,高温也不好,日夜温差不超过10～15℃为宜。

(3)对水分的要求体现在基质含水量和相对空气湿度两方面。一般来讲,中国兰较耐旱,"喜雨而畏涝,喜润而畏湿"就是人们在长期养兰的实践中总结经验。洋兰的根系可以裸露在空气中,直接摄取水分和制造养分。兰花在正常生长期间的空气湿度以60%～70%为宜,休眠期间可以相对低一些,但不宜低于50%。兰界也有种说法就是"会不会种兰主要看会不会浇水",湿度控制好了,兰花出芽率高,叶面光洁,花多色艳;反之,兰花出芽率低,叶面粗糙,叶尖焦黄,易诱发各种斑点病,开花少甚至不开花。

(4)兰花喜欢没有污染和流通的空气。通常以和风、柔风对兰花生长发育最为有利。另外,不同季节通风要求也不同,如春季,温度不高,主要是通风和疏水,夏季就要同时采取通风和降温的措施,冬季在下午温度下降前通风。

(5)兰花喜欢疏松细软、富含有机质、排水良好的酸性壤土,适宜的pH值为5.5～6.5,这也是自然条件下兰花长期生长于林下枯枝落叶层上的结果。如果通过人工调配出符合其原生要求的栽培基质替代也是可以的,比如椰糠、泥炭、蛭石、陶粒等无土基质等。如果土壤板结,排水不畅,腐殖质含量少,则生长发育不良。

111 耧斗菜可食用吗?怎样种好耧斗菜?

耧斗菜属于毛茛科植物,毛茛科植物通常含有许多生物碱,具有一定的毒性和药用价值,因此,虽然耧斗菜的名字里面有一个"菜"字,但并不是一种蔬菜而是一种观赏性很强的植物。耧斗菜花期5～7月,花朵独特别致,花繁艳丽,吸引很多花友对其产生浓厚的兴趣。那么养好耧斗菜需要注意什么呢?首先,要了

即将绽放

解耧斗菜的生活习性,这样对养好植物很重要。耧斗菜性喜凉爽气候,自然环境下生长在水边或者路边树阴下,喜半阴环境,耐寒,但不耐炎热,喜欢富含腐殖质、湿润排水良好的沙质土壤。因此要养好耧斗菜除了选好基质外还要注意以下两点:①光照温度,耧斗菜生长温度在15~28℃之间,北方地区养护注意如果温度超过30℃就会进入夏季高温休眠,叶片变黄,甚至根部腐烂,严重时甚至会死掉。因此温度升高时要注意采取降温通风遮阴等措施。日常养护时不要放置在阳光下直射,可放置在散射光处。②耧斗菜较耐湿,浇水遵循"见干见湿,浇则浇透"的原则,夏季注意勤通风,冬季减少浇水。

华北耧斗菜

112 春天来了,叶片落光的茉莉还有救吗?

茉莉是大家非常钟爱的传统香花,"花开满园,香也香不过它",唱的就是"一卉能馨一室香"的茉莉花。其叶色翠绿,从初夏至晚秋花开不断,淡淡幽香,沁人肺腑。茉莉花不耐霜冻,冬季放在室内养护会有部分或大批落叶现象,但只要枝干还是青绿色的,那就有救。

到了清明,将茉莉搬出室外,放在半阴半阳的暖和处,剪去过密枝和病枝、枯枝,先暂停施肥,盆土干了浇水,雨天让它淋雨,这样随着气温的逐渐回升,过不了多久就会从茉莉青绿色枝干的腋芽处或根基部位重新长出新的枝叶。茉莉管理较为粗放,耐强光,花谚说得好:"晒不死的茉莉,阴不死的珠兰"。为使开花繁茂,株型丰满,春梢长到4~5节时摘心。新枝长出后每周施清水肥一次,孕蕾前期,

盆栽茉莉

要少施氮肥，多施磷、钾肥，水分浇足，不久就会花蕾满枝。到了7～8月的高温时节，掌握"大晒、大肥、大水"的原则，这时花大、香浓、量多。

茉莉花

113 如何分清双胞胎姐妹——牡丹和芍药？

牡丹（*Paeonia suffruticosa*）和芍药（*Paeonia lactiflora*）在我国的栽培历史悠久，其中芍药源于黄河流域，早在3000多年前就已成为观赏植物，比牡丹还要早1000多年，可称得上是花国中的"元老"。可如今群芳中，"牡丹第一，芍药第二"，世人称牡丹为花王，芍药为花相。牡丹和芍药不仅观其大气，它们还有很多医用价值呢！牡丹的根入药就是我们常说的"丹皮"，尤其白色药用牡丹的根是很好的中

牡丹园

牡丹的品种

芍药的品种

药丹皮。芍药的根也可入药，在中药中有"白、赤"之分。俗话说：谷雨过三天，园里看牡丹。牡丹将它特有的雍容华贵展示给了人们，半月之后，当它逐渐"销声匿迹"之际，娇艳亮丽的芍药便登台亮相了。它们带给我们惊喜之余，也让我们对这对"容貌"极其相似的"姐妹"产生了疑惑：该如何区分它们呢？实际上这并不难，看了以下几点我想大家会清楚很多。

第一，牡丹和芍药同属毛茛科芍药属植物，但两者最大的区别是：牡丹是灌木，茎干为木质茎，而芍药则是宿根草本，茎干为草质茎。两种植物都能在西安地区露地越冬，其中牡丹落叶，但其地上部分

牡丹花开

的木质茎干可自然越冬，不会枯死；而芍药的茎干进入秋季枯萎，只保留纺锤形的块根过冬，翌年早春新芽再抽出地面。

第二，两种花的着生部位及花期不同。牡丹花生于枝条的顶端，而芍药的花既可单生枝顶，也可生于近顶端的叶腋处。通常牡丹比芍药的花期早半个月左右，西安地区牡丹在4月中下旬开放，芍药则在5月上中旬开放。

第三，两者的叶片及花瓣也略有不同。牡丹的叶片宽厚，正面绿色略呈黄色，而芍药的叶片狭薄，叶片的正反面均为浓绿色。牡丹的花瓣层层叠叠，而芍药的花瓣比较平滑是单层；牡丹的叶皱多、纹多，芍药的叶平滑，叶形偏小。

紫斑牡丹

盆栽牡丹

114 木芙蓉在陕西关中相似气候区怎么种植才可以花大色艳、多年观赏？

木芙蓉喜欢阳光及温暖湿润的气候，耐水湿，有一定的耐寒性，疏松排水良好的土壤就能生长，一年的生长量比较大。在西安地区11月底至12月初，气温下降到0℃的时候，木芙蓉地上部分就枯萎了，根系还会完好无损地宿存于土壤中，翌年4月份，会萌芽出土，当年9月植株就能长到1m左右，正常开花。

要想花大色艳，在4月份萌芽时期就要及时施肥，特别是炎热夏季，及时补水，同时一个月施用2～3次磷酸二氢钾溶液，这样花更鲜艳。栽培几年后的植株，要及时修剪掉枯枝、衰老枝条及病虫害枝。其次，要向阳，过分荫蔽则生长缓慢，枝条细长，影响花芽分化，如果再遇上阴雨连绵，则更容易引起落花、落蕾。

含苞待放

木芙蓉花美色艳

115 木芙蓉主要有几种繁殖方法？

木芙蓉的繁殖方法主要有扦插、分株和播种3种。① 扦插：主要是在秋季花谢后，剪取当年生的粗壮枝条，剪成15～20 cm长的一段，绑好后先进行沙藏，翌年3月下旬取出进行扦插。② 分株繁殖的时间通常选择在早春萌芽前，也就是在3月上旬。把丛生母株的根系挖掘出来并用利刃劈开几窝，分开栽植，这种分株当年也可开花。③ 播种就是用当年采收的种子，用牛皮纸袋装好后先放置在冰箱冷藏室，待到翌年4月进行播种。播种苗通常当年不开花，第二年才能开花。

西安露地也能生长

科普小链接

木芙蓉（*Hibiscus mutabilis*）为锦葵科木槿属落叶灌木或者小乔木，也叫拒霜花、木莲、山芙蓉等，花期8～11月。其同属植物有200多种，我国有20余种，原产于我国黄河流域及华南地区，特别是四川栽培最广，是成都市市花，所以成都也有"芙蓉城"之称。木芙蓉还有一个特别明显的特征就是花色易变、朝开暮谢，我们经常可以在同一植株上看到初开的呈白色、开得早点的呈粉色、开到后期的呈现深红色3种颜色，这些花色的变化让木芙蓉有个好听的名字"弄色木芙蓉""三醉芙蓉"。木芙蓉变色的原因是什么呢？这是因为其体内的花青素在温度升高时浓度会变高，从而花朵颜色变深。当然也有木芙蓉部分品种因不含花青素，因此花色不变。

116 家里能养米兰吗？

米兰是一种观赏性很强的植物，开花后香气四溢，很多花友都很喜欢，但是有的花友认为米兰香味太浓不适合室内养护。其实，米兰花朵小巧雅致，无毒，不会危害人体健康。如果在密闭环境中，米兰盛花期可能会给人带来不适，但是如果室内通风良好,室内是完全可以种植米兰的。还有花友不建议家里养护米兰是因为家里种植米兰不易开花。米兰幼苗较喜阴，植株长大后喜欢阳光但又不耐暴晒，冬季不仅要有充足的光照，还应保持适宜的温度，米兰不耐寒，低于0℃就落叶，观赏性降低。

青翠的叶片

117 米兰在室内养护时需要注意什么才能保证不落叶？

米兰属亚热带植物种类，喜气候温和的湿润环境，在北方室内栽培有一定的难度，容易落叶。但因为它开花时清香四溢，气味似兰花，所以喜爱它的人不在少数。那么家庭盆栽养护时应注意哪些方面可以防止或者减少落叶呢？

米兰花开及在北方室内种植

米兰群植

（1）土壤。以疏松、肥沃的微酸性土壤为好，开花后及时追 2～3 次充分腐熟的稀薄液肥，生长旺盛期每周喷施 1 次 0.2% 硫酸亚铁溶液。

（2）幼苗注意遮阴，忌阳光暴晒，除盛夏中午遮阴以外，应多见阳光。

（3）湿度。生长期间浇水要适量。若浇水过多，易导致烂根，叶片黄枯脱落；开花期浇水太多，易引起落花、落蕾；浇水过少，又会造成叶子边缘干枯、枯蕾。

（4）摘心、打顶，促其多分枝。米兰的摘心、打顶宜在春季进行，生长过旺的枝条摘心要狠，留下的半截枝条要比相邻侧枝短些才行。

（5）米兰的成花量大，开花次数多，对养分的需求比较多，这是造成下部叶片脱落的主要原因之一。要防止落叶，应在花序刚形成时摘除 1/2 或 2/3，留下的花只要加强管理，给予充足的光照和适宜的温度，开出的花依旧浓香袭人，沁人心脾。

科普小链接

米兰（*Aglaia odorata*）又名鱼子兰、树兰、米仔兰，为楝科米仔兰属常绿小灌木。原产于我国南部，现广泛种植于世界各地。它是大叶米兰的小叶变种常绿灌木，枝稠叶密树态优美，多分枝无节；叶为单数羽状复叶互生，有光泽倒卵圆形。花小腋生黄色，新梢开花，圆锥花序，盛花期为夏秋季，花期长达 5 个月；不耐寒，稍耐阴，土壤以疏松、肥沃的微酸性土壤为最好，冬季温度不低于10℃。

118 马蹄莲有毒吗？室内可以种植吗？

马蹄莲（*Zantedeschia aethiopica*），为天南星科马蹄莲属多年生草本。马蹄莲全株有毒，含有大量的生物碱和草本钙结晶，误食后会引起呕吐、头晕、头痛等中毒症状。但马蹄莲仅仅是食用后会对人体产生一定的副作用，其本身并不释放有毒气体，作为观赏植物室内养护是没有任何问题的。因此，室内养护中一定要注意摆放位置，如果有小孩，一定要置于小孩够不着的位置，防止小孩误食，造成不必要的伤害。

彩色马蹄莲

119 马蹄莲花后怎么管护？

马蹄莲开花后施以钾肥为主的复合肥或缓释肥，钾肥能够促进马蹄莲的块根快速长大，此时要逐渐减少浇水的次数，直至马蹄莲叶子枯萎。马蹄莲开花后需要将枯枝、老枝修剪掉，剪的时候保持伤口平滑，这样能够保证马蹄莲的块茎贮存更多的养分，为下一次开花做好准备。花谢后同时进行换盆，修剪掉老根，促进新根生长，也可以将块根贮藏在干燥凉爽通风的地方，8月份进行种植。盆栽种植的马蹄莲在花后1个月就会有新芽萌发出来，这时候可以将新芽或者新芽带根进行剥离，重新进行繁殖。

彩色马蹄莲

彩色马蹄莲

彩色马蹄莲组合

120 秋海棠类植物主要观赏的部位是什么？都有什么特点？

秋海棠类植物为多年生草本植物，全世界有900多个自然种和3000多个栽培品种。我们常见的有200余种，通常观赏的部位有叶、花和茎。

如茎，有高秆和矮秆之分，高秆的有我们常见的竹节秋海棠等，矮秆的有四季秋海棠等。这些茎通常直立或者稍倾斜，少数也会蔓生多分枝。其中有的茎光滑、有的茎密

中华秋海棠园林景观

生细毛，有的茎节间膨大突出，有的茎有棱角，还有的茎有深色斑点纹等，形态各异的茎干观赏性很强。

如叶，秋海棠叶型变化很大，常分为不对称叶和近似对称叶两类。秋海棠属植物中大多数的叶型是不对称的，这个也是本属的重要形态特征。我们常见的叶形有卵形、斜卵形、心形、圆形、披针形、掌状深裂形等；叶色也很丰富，有绿色系列、褐色系列、红色系列等，有的镶嵌有银白、灰白、深褐色或紫褐色等色斑以及不规则斑点（如银星秋海棠）、斑纹（如银后秋海棠）及环带（如蟆叶秋海棠）。叶背的色彩也同样变幻莫测，叶缘有粗细不等的锯齿和波状等，叶脉有深有浅等。总之，秋海棠叶片的变化之大，在观叶植物中不多见。

如花，秋海棠通常腋生或顶生聚伞花序或者总状花序，一个花序上都有两性花。花有单瓣、半重瓣和重瓣之分；花色也很丰富，有白、红、黄色等系列的深浅之分；花型有茶花型、水仙型、康乃馨型、月季型、牡丹型等多种姿态。当花开过之后，其蒴果也是有近球形、矩圆形、三角形等多种形状。

121 秋海棠适应什么环境条件？

秋海棠原产于热带及亚热带地区，大多数野生在林下肥沃疏松的腐叶土中、阴湿的岩石或沟谷旁，总体上来讲喜欢温暖湿润及散射光的环境。所以，秋海棠栽培上要注意以下几点：

（1）温度喜欢冬暖夏凉。秋海棠的耐寒程度可以分为3个类型：高温型、中温型、耐寒型。高温型的越冬温度必须在13℃以上，否则叶片受冻脱落，茎干干枯皱缩，如桐叶秋海棠；中温型的越冬温度在10℃，如蟆叶秋海棠；耐寒型的可以耐0℃的低温，根系在陕西、河北、山东等地可以露地安全越冬，如中华秋海棠。

（2）光照喜欢半阴半阳。秋海棠对光照的反应是敏感的，喜欢晨光和散射光的环境。强光下容易造成叶片灼伤；光照不足容易导致徒长，株型不紧凑。

（3）水分适度即可。秋海棠茎叶多汁，因此湿润的环境对其生长极为有利。如果温度高，水分供应不足，茎叶易倒伏、皱缩并死亡；相反，供水过量，易引起根部腐烂。块茎休眠期要停止供水，保持干燥。生长旺盛期每天喷雾数次，模拟原生环境，有利于生长。

（4）土壤疏松肥沃，pH值在5.5～7.5之间。栽培基质如果黏重或者呈碱性，不利于根系生长，植株茎叶矮小，色彩黯淡。

丽格海棠

122 秋海棠的日常管理最重要的是浇水,如何把控浇水原则呢?

盆栽秋海棠的浇水必须依据"适时、适种、适量"或者"不干不浇,浇则必透"的原则,有经验的遵循前者,没养护经验的遵循后者。不同的季节秋海棠处于不同的生长发育阶段,浇水要看盆土及天气,春季为生长季节,需水量较大,可以多浇。晚秋天气转凉,水分蒸发慢,需要的水分不多,要少浇。另外如果空气湿度较高,也要少浇水,以免烂根。在庭院栽种的秋海棠要注意

秋海棠幼苗

排水，特别是盆内不要积水。浇灌秋海棠的水温和水质也有要求，水温应保持和土温接近，否则盆土温度骤然上升或者下降，都会使秋海棠根系，特别是根毛和幼小的新根受到破坏，导致植株出现问题。秋海棠喜欢微酸性或者中性的水质，所以最理想的用水是雨水或者淘米水，自来水最好贮存一天再用。

123　室内秋海棠叶片边缘为什么会干枯？

秋海棠叶子干枯的原因有很多，光照、温度、水分和肥力都会影响秋海棠的叶子干枯。我们要种好一株植物，首先要了解它的习性。秋海棠的生长适温为20～25℃，温度低于10℃叶片会产生冻害，但根茎较耐寒；秋海棠光敏感性强，在强光下易造成叶片灼伤，适合散射光照射；喜欢空气湿度高和基质排水良好的环境。因此，秋海棠叶片边缘干枯通常是由于光照太强，这时候可以在早晨光强较弱时放室外进行光照，中午阳光太强的时候移到室内或者一直放置室内有散射光的地方。如果是空气湿度太低引起的可对叶面进行喷雾增加空气湿度，基质勤浇水，但是不能有积水。缺钾肥时，秋海棠叶缘也会出现焦枯症状，这时就应及时补充肥力，通常多追加缓释肥，少量多次补充。

四季海棠

124　蟆叶秋海棠是怎么用叶片繁殖的？

用利刃将叶片主脉垂直割断，然后平铺在铺有珍珠岩、蛭石或者沙子的花盆中，保持基质潮湿，环境半阴，花盆蒙上一层扎了眼的保鲜膜，保持一定的空气湿度。约2个月，在叶脉割断的地方就会长出小植株。等到小植株长好两片叶时再分株出来，单独盆栽即可。

大王秋海棠

蟆叶秋海棠

125 如何辨认和养护水仙？

水仙属石蒜科球根花卉，在我国的产地只局限在福建的漳州、龙海和上海的崇明等地。春节前是水仙大量上市的时节，家庭经过短期的水培就能开出清幽芳香的花朵。购买水仙时应该先要了解一些相关常识，以免上当受骗。通常水仙的鳞茎是多个丛生，大大小小3～5个，最大的有1个，直径为5～10 cm，每个小鳞茎由众多的鳞片合抱产生。市面上经常有不良商贩用牙签将多个石蒜小鳞茎穿起来坑蒙顾客；有的商贩出售的虽是水仙，但鳞茎很小，无花芽，在其产地根本不属于商品花卉，花友买回去后只长叶不开花；有的甚至还将在南方开过花的球茎拿来出售，所以在购买时一定要仔细观察。

水仙花开

水仙鳞茎

水仙一般是分级出售，有10庄、20庄、30庄、40庄等，庄数越小，鳞茎就越大，花芽也越多。所以一般家庭可以选择30庄以上的就可以了，如果有喜爱雕刻水仙的就选择40庄，这样花少叶多，可以更好地进行造型。水仙的花期一般只有7～10天。不同的室温条件下，由浸养到开花，10℃时需45天，15℃时需30天，20℃以上需15天。

所以水仙球买回家后，先别急着剥好外皮泡在水里养护，可依据自己需要的开花时段来浸泡，这样元旦和春节就可以闻到扑鼻的水仙花香了。如果要买商家已经浸泡并带叶和花序的水仙球茎，可在节前一周购买，挑选花苞多叶片短的植株，这样就能保证有一个较长的赏花期。

126 怎样才能让春节开花的水仙连年开花？

水仙花

春节过后，水仙就凋谢了，很多人都会把开过花的水仙球扔掉，这样其实很可惜。水仙是多年生植物，想让其连年开花也不难，关键是要增加养料供应，改水培为土培。开过花后及时剪除花台，继续培育，可以选择疏松的土壤，将水仙埋到向阳背风的地方，让其继续生长一段时间。待地上叶片枯萎后将鳞茎挖出，剪去枯枝和须根，然后将鳞茎深埋，通常深度为 10 cm 左右，放置阴凉通风处，每隔一周浇水一次，保持土壤湿润但不积水，适当增加缓释肥，进行日常管护。11～12 月份的时候，将鳞茎挖出，去除腐烂干枯的鳞茎，将新生鳞茎挑出来，洗干净泥土，剥除表层褐色膜，晾晒 4～5 小时，在球顶浅划"十"字切口，以不伤及芽为度，以助芽萌发。后浸泡于清水中，直至切口不再流出胶状黏液，洗净后正常水养即可。

127 水仙必须要养在水里吗？

春节期间大家都喜欢在家里水养水仙，水仙不仅可以水养，基质培养水仙也是可以的。通常水养水仙不需要任何花肥，只用清水即可。水养水仙要注意以下几点：首先将催芽处理后的水仙直立放入浅盆中，盆中水位线低于鳞茎 1/3，若超过此水位线，鳞茎容易呼吸不畅发生腐烂。其次，水养水仙需要 2～3 天更换一次清水，保证水质干净，防止滋生细菌。白天水仙盆最好放置在阳光充足的地方，这样可以防止水仙茎叶徒长，温室水仙叶短宽厚，花开浓香，姿态优美。基质栽培水仙首先要选择中性或微酸性的土壤，土壤需透气性、排水性良好，避免鳞茎腐烂，然后放置于阳光充足的地方，遵循"见干见湿"的浇水原则即可。

重瓣水仙

128 为什么山茶花有花蕾有时却不能正常开花？

山茶花喜温暖、湿润和半阴环境，怕高温忌烈日。很多家庭栽培山茶花都会遇到花蕾很多，但有还没开放就凋落或者干枯的情况，这是什么原因呢？

首先是温度因素。山茶花开放的温度在 10～20℃，在严寒和炎热地区生长都会受阻，如果气温骤然降到 0℃以下，会引发嫩枝冻伤，花蕾受冻后易脱落。气温超过 36℃时生长受到抑制，出现叶片灼伤现象，也可能引发花蕾脱落或死亡。其次栽培基质的酸碱性也会对山茶花产生影响。pH 值在 5～6 之间比较合适，过分偏酸（或偏碱）也会引发花蕾脱落不能开花，故栽培基质选用腐叶土或者在土壤中加上松针都可平衡酸碱性。第三，水分和湿度管理也很重

地栽山茶花盛开

要。在整个生长发育过程中，山茶花对水分需求较多，水分不足是会引发落花、落蕾，有的全株死亡。另外，北方地区的水质含盐含碱，长期浇灌会使酸性土壤变质，山茶花易发生"黄化病"。故浇灌最好用贮存的雨水，若用自来水浇灌，须在阴凉处存放4～5天，使水温比土温高2～3℃再进行浇灌或在水中加入0.3%～0.5%硫酸亚铁（黑矾）改变水质，促使植株生长旺盛，叶色浓绿。

山茶花　　　　　　　　　　　　山茶花即将绽放

129　山茶花什么时候施肥合适？

山茶花不耐肥，不宜多施浓肥，关键是要掌握3个生长期的施肥。春季开始生长后，施以氮肥为主的肥料，如饼肥水、人粪尿或复合肥，促进树势恢复和春梢生长。5～6月份，山茶花开始进入花芽分化期，施一些以磷肥为主的肥料以满足植株孕蕾的需要。7～10月份，山茶花开始长花蕾，若管理不当，就会出现落蕾，需施以磷为主的保蕾肥，现蕾至开花期增施1～2次磷钾肥。冬季入室后通常不施肥，若施肥过勤，营养生长过盛，会影响结蕾开花。地栽山茶花的施肥与盆栽山茶花基本一致。

盆栽山茶花

科普小链接

山茶（*Camellia japonica*）又名山茶花、茶花、曼陀罗树、晚山茶、耐冬等，是山茶科山茶属常绿阔叶灌木或小乔木，有单瓣、复瓣和重瓣3个大类，是我国传统十大名花之一。原产于我国浙江、江西、云南、四川、广东等南方各省，日本、朝鲜半岛也有分布。我国自南朝开始已有山茶的栽培，到了宋代山茶栽培十分盛行。目前我国山茶品种已有300多个，全世界山茶花的品种在5000个以上。

130 彼岸花是石蒜花吗？

初秋时节，秋风渐起，石蒜花开。很多人不认识石蒜，但说起"彼岸花"这个名字，人们却耳熟能详；也有人认为彼岸花就是石蒜花，石蒜花就是彼岸花；那么彼岸花和石蒜花是一样的吗？回答是否定的，彼岸花是人们对石蒜科红花石蒜的一个别称，认为"彼岸花，开彼岸，只见花，不见叶，生生相错"。石蒜科植物通常是先抽花葶，花后出叶；还有一些是先长叶，叶枯后抽葶开花，这是石蒜科植物的特性。石蒜种类很多，有黄色的忽地笑，白色的乳白石蒜，紫色的鹿葱和变色的香石蒜等，颜色丰富，而只有其中呈红色的称为彼岸花，因此，我们可以说彼岸花是石蒜花的一种，石蒜花包含彼岸花，彼岸花和石蒜花所涵盖的范围不同。

冬季常绿　　　　　　　　　　　即将开放

131 石蒜花栽培容易吗？有毒吗？

要了解石蒜栽培容易与否，首先了解一下石蒜的原生环境和习性。石蒜广泛分布

花境中效果很好

花似龙爪

在我国华东、华中及西南各省，它的适生环境在山地、河岸阴湿处和草丛中。抗性强，耐高温多湿，耐寒性较强，球茎在零下5℃可以露地越冬。喜欢排水良好、肥沃的土壤。

石蒜通常用分栽小鳞茎进行繁殖，在休眠期或者花后将植株挖出来，将母球附近附生的子球剥离并种植，分下来的子球一般2～3年开花。石蒜对土壤要求不挑剔，肥力好、透水、透气的基质会让它长得更灿烂。

独自成景

花朵凋谢的时候叶片长出

片植

在种植时深度不宜太深，鳞茎刚埋入土中即可，保持土壤湿润但不能积水。开花前20天水分要足，这样开花整齐，花期也会相对延长。

石蒜虽然名字有"蒜"，但根茎有毒，误食会引发呕吐、痉挛等症状，且过敏体质的人触碰到石蒜的浆液易引起过敏反应，所以家庭种植时应特别注意这一点。

132 水生植物是怎么分类的？哪一类适合在家庭中用器皿种植？

水生植物顾名思义就是能在水中生长的植物。水生植物包括以下几大类：挺水植物、浮叶植物、沉水植物、漂浮植物和湿生植物。① 挺水植物：叶片和茎挺出水面，植株挺拔直立，花开时离开水面。这类植物适合在家庭用缸或盆养植，代表植物有黄菖蒲、荷花、碗莲等。② 浮水植物：生长在水下泥土之中，叶柄细长，茎细弱不能直立，叶片漂浮在水面上，开花时近水面。这类植物部分适合家庭中用缸养植，代表植物有睡莲、水罂粟等。③ 沉水植物：整株沉没在水面之下，根扎在水下泥土之中，有的茎也生在泥土中，通气组织特别发达，叶多为狭长

梭鱼草

或丝状。这类植物多为藻类，在水下弱光的情况下也能正常生长，不太适合家庭养护。代表植物有苦草、金鱼藻、眼子菜等。④ 漂浮植物：茎叶漂浮于水面或水中，根系悬垂于水中吸收养分却没有固定点而使植株漂浮不定。这类植物部分适合在室内养植，代表植物有大藻、凤眼莲等。⑤ 湿生植物：也叫水缘植物，喜欢生活在草甸、河、湖岸边和沼泽等潮湿环境，抗旱能力弱。这类植物品种繁多，观赏价值较高，适合在室内培养。代表植物有梭鱼草、铜钱草等。

花叶芦苇

水禾

| 繁星点点 | 金鱼藻 | 苦草 |

133 睡莲怕冷吗？冬天怎么管理？

睡莲分为耐寒睡莲和热带睡莲。热带睡莲株型比较大，冬季需要在全光照的温室内越冬，所以北方要养热带睡莲冬天需要挪进室内过冬。北方养的品种多是较耐寒的睡莲，冬季可以在室外宿根自然越冬。或者入冬后将水抽掉，保持栽植睡莲的花盆湿润，放在5℃左右的室内越冬也可，来年春天再放入水池中或者水盆中。

睡莲品种"万维莎"　　　　　　　　睡莲

睡莲

134 碗莲在家庭中怎么养护？

什么是碗莲呢？简单地说它是荷花的一类。荷花通常分为荡荷、池荷、缸荷、盆荷和碗莲等。其中只有碗莲最娇小，其花大小如酒盅，叶片大小如碗口，故名。碗莲非常适合家庭栽培，放置在案头、书桌、茶具旁，清秀脱俗，别具一格。栽培碗莲的容器口径 25 cm，深度 20 cm 就够了，太浅不容易开花。碗莲的根藕如同手指般大小，因此换盆时注意不要伤到顶芽和侧芽。碗莲喜欢光照，如果光线不足，荷叶会徒长，叶色也会变淡，难以开花。另外，碗莲生长季节切忌失水，否则叶片焦边，影响生长。碗莲同其他莲花一样，6～8 月份开花，冬季要在室内过冬。室温不超过 5℃，保持盆土不干即可。

碗莲

135 天竺葵为什么叶子会发黄、干枯？

天竺葵喜冬暖夏凉气候，最适生长温度为15～20℃，夏季温度高于30℃时，天竺葵进入休眠，如果温度过高，其叶片会发黄，干枯。这时应将其移入通风凉爽的环境下，除掉黄叶。此外，天竺葵不喜水湿，浇水时应遵循见干见湿原则，浇水过多会引起其枝叶徒长，叶片发黄。天竺葵喜疏松透气性良好的土壤，不喜大肥。通气性差、板结的土壤或土壤肥力过多都会引起天竺葵叶片发黄。因此，种植天竺葵时应选择通气良好的沙壤土，保持适当肥力和水分。

繁育栽培的天竺葵盛开

136 天竺葵适合什么时候修剪？

天竺葵通常一年中可以进行3次修剪。第一次在开春3月份左右，主要进行打顶、摘心，控制植株的高度，促进侧芽萌发，进行整株的整形。第二次在花后，主要对残

天竺葵不同品种

花和枯枝进行修剪,避免养分的浪费,为进入夏季休眠储备充足的养分。立秋后天竺葵开始萌发新枝,这时候可以进行一次重剪,留主枝,进行整形。每次进行修剪时要保持创面干燥,或者用多菌灵对创面进行涂抹,防止滋生病菌引发茎腐病。春季和秋季修剪后,可从剪枝中选取生长健壮的枝条,剪成 7~8 cm 的插条,每个插条带 2~3 片叶子,晾晒半日,待伤口风干愈合后进行扦插,扦插基质选择通气良好的基质,保持一定湿度,扦插深度 2~3 cm,温度保持在 20℃左右,此时扦插很易成活。

137 购买人见人爱的仙客来时应注意什么?

很多朋友都对仙客来印象深刻,它那向外反卷的花瓣鲜艳喜庆,而且花期很长,花数可有几十至上百朵,它是报春花科多年生球根草本,也叫兔耳朵花、萝卜海棠、一品冠。仙客来是大家情有独钟的花卉,在寒凝大地、风雪漫天的隆冬时节绽放,作为年宵花卉,仙客来的盆花由来已久,是 20 世纪初至今仍十分流行的迎春花卉,不管在祖国的大江南北,还是在国外,它常常出现在花市上,成为热销的盆花之一。其花色有红、粉、紫、白以及各种复色等单瓣、重瓣品种,有的品种花边还有褶皱,有的

仙客来是传统的年宵花之一

还有香气,特别是近年来小花型新品种"蝶衣"更是让人念念不忘,红色的花瓣和白色的萼片形成了色彩的碰撞,很抢眼。购买仙客来盆花时要注意挑选叶片色泽光亮,花蕾多,且花朵集中在中央的植株。判断花蕾多少用手轻轻分开叶片下部即可看到。叶片发黄的植株尽量不要购买。

不同花色、花型的仙客来

138 又美又仙的仙客来有什么特性呢?养护时应该注意什么?

仙客来是一种温带气候区的花卉,生长适温在 10～20℃,30℃以上就会进入休眠期,开花时放置室内保持5℃以上即可。观花期不用施肥,水分供给遵循干透浇透的原则,不能过多。待花朵凋谢、叶片发黄时移至阳台半阴处养护。5月份的西安天气已经很热了,仙客来叶片开始枯萎,进入半休眠状态,这时可以人为剪除叶片,避免养分损耗。同时要少浇水,使盆土干爽,以免球茎腐烂。进入9月份,天气转凉,新叶开始萌发,可给予充足的水肥管理。如果管理得当,来年春节又会开出鲜艳的花朵。

那怎么度过炎热的夏季呢？虽然方法很多，但都不便实施。下面告诉大家一个简单易行、安全可靠的妙招供参考。将休眠后剪除叶片的仙客来从盆中磕出，去除球根泥土，放在通风荫蔽处晾干。然后用纸将球茎包起来，装入塑料袋中，将袋口扎紧，不要漏气，放入冰箱冷藏室中，控制在5℃左右。等天凉后再取出重新栽植即可。这样的仙客来生长旺盛，花苞多，病虫害也少。

139 仙客来结果实吗？家庭怎么播种繁殖呢？

仙客来的花在自然条件下的授粉方式以虫媒为主，其次是风媒。仙客来的子房为上位子房，内有多个胚珠，所以可以产生多个种子。仙客来主要以异花授粉的方式繁衍后代，但自花授粉也可以结实，但这样会使种子退化。种子播种前要在常温下用清水浸泡24小时，然后再用0.1%的高锰酸钾溶液消毒后再播种。播种时间可以选择在8～10月，保持20℃左右的温度即可，播种时覆土的厚度为3～4 mm，用浸盆法让播种基质吸足水分后，用薄膜将花盆套住，保持不低于50%的空气湿度，一般3～4周即可出苗。

140 仙客来烂根、叶片和茎发霉腐烂怎么办？

仙客来是多年生草本植物，其叶片上有浅色斑纹，盛开的花朵挺立、鲜亮、优雅端庄，是深受大众喜爱的观赏花卉，也是年宵花中不可或缺的主角。仙客来好看，但是养得好看却不太容易。仙客来养植过程中容易出现烂根、烂叶、茎叶发霉等情况，所以平时应多加注意以下几个方面，可以预防出现这些情况。① 浇水要适量，等到见干见湿。仙客来是块状根茎，有一定的储存水分和养分的能力，所以保持土壤湿润就可以了，不要频繁浇水，也切忌积水，做到表层土干了再浇水。尤其是在冬季低温或者夏季高温高湿的情况下，栽种仙客来的盆土一定

仙客来整株

不能持续高湿,否则很容易出现烂根、烂叶、茎叶发霉等情况。如果出现这些情况,则需要马上控水,同时要彻底修剪清除腐烂的部位,再洒上多菌灵等广谱抗菌药,直到上部近1/3的盆土干透再浇透水。② 注意通风。仙客来可摆放在室外或者室内通风好的地方,如果通风不畅,环境过于密闭,盆土会长时间处于过湿状态,很容易出现烂根、叶片和茎发霉等情况。

141 绣球不开花是怎么回事?

绣球又名八仙花、紫阳花、粉团花,花色艳丽,花序硕大,无论是庭院定植还是盆栽观赏,都是一道吸引人的风景。绣球栽培过程中,除大花绣球"无尽夏"和"无尽夏新娘"外,其他品种经常会遇到不开花的情况,主要原因有以下几点:

首先,最重要的原因是没有把握好修剪时间。绣球的花期是5～6月份,花期过后很快就迎来了第二年的花芽分化时期。如果修剪时间选在花芽分化时间之前则不会影响来年开花,如果花芽分化后进行修剪,则会导致第二年不开花。所以绣球的修剪时间是影响开花的关键因素,一般最迟要在8月底前完成绣球修剪,最好是在花期过后尽快进行修剪,这样就不会影响第二年开花。其次,做好水肥管理。绣球喜湿润、肥沃土壤基质,保持土壤湿润,勤施薄肥,尤其是花芽分化和早春花蕾绽放之前,可10天左右施一次复合肥,提高开花质量。

花团锦簇

142 绣球开花时我们看到颜色亮丽、花序硕大的部位是它的花吗?

绣球花序硕大、颜色丰富亮丽,有粉色、蓝色、紫色、白色、紫红色、玫瑰红色等,真的是姹紫嫣红。但我们平时所看到的花序上具有亮丽颜色的部位其实并非是绣球真正的花,而是花瓣状萼片,也叫绣球的不育花。而绣球真正的花可是捉迷藏的高手呀,你不费些工夫还真是发现不了呢。当你拨开萼片会看到隐藏在萼片下面的微小的花,有紫色、粉色、蓝色,这些小花才是绣球真正的花。

扦插的银边绣球盛开

无尽夏的后期也很有特色

栎叶绣球

乔木绣球"贝拉安娜"

无尽夏可以调色

无尽夏在西安植物园的应用

143 如何预防八仙花叶子发黄、发焦？

八仙花养护中常易出现叶子变黄、落叶。主要原因及防治措施如下：

（1）基质酸碱性：八仙花常见的叶子发黄大都是由于生理性缺铁引起的。如用碱性土壤栽种或长期用碱性的水来浇，会导致土壤中可溶性铁缺乏，则会使叶色逐渐由绿变黄。植株受害后先是枝梢顶端的幼嫩叶发黄，叶肉变成淡黄色或黄色，但叶脉仍为绿色，随着病情发展，整株叶片变成黄白色，叶缘枯焦，并自行凋萎脱落。可用0.2%硫酸亚铁液浇施，连续3～4次叶片即可由黄转绿。

（2）光照：八仙花为短日照植物，喜疏阴的环境，忌烈日直射，在散射光下生长良好。如果夏季叶片发黄、发白、有黄褐斑点出现，即为光照太强、日光灼伤所致，应将其移至阴凉通风处，防止日光直射。若光照不足，则枝条纤细徒长，节间距长，叶片瘦弱，大而薄，叶色发黄，应增加光照时间，随着时间的推移可逐渐恢复。

绣球品种"爆米花"

绣球品种"魔法公主"

（3）水分：八仙花在浇水方面很关键。其叶片较肥大，往往需水量较多，但又为肉质根，怕积水。浇水过多，盆土内部缺氧，致使肉质根腐烂，叶片便逐渐变黄且暗淡无光，甚至脱落，此时应暂停浇水，并松土晾干，待干透了再浇水，雨后应及时将盆内积水倒掉；浇水过少，盆土过干，根系吸收不到水分，叶尖干枯发黄，下部叶片枯黄脱落，此时应先浇少量水，过半个小时后再浇透水，同时向枝叶喷洒清水，增加空气湿度，这样受害轻的叶片大都可恢复绿色。冬季室内盆栽八仙花盆土以稍干为好，过于潮湿叶片易腐烂。

（4）施肥：八仙花喜肥。若长期没有换土追肥，养分供应不足，尤其是缺氮肥，叶片也会失绿发黄，此时应及时换入新的含氮肥的疏松土壤，并每10天左右浇一次稀薄液肥或复合肥，叶片不久将由黄变绿。忌施浓肥或生肥，以防引起"烧根"而导致叶片焦黄脱落。若出现这种情况应暂停施肥，并增加浇水量，或立即倒盆换新的培养土栽培。在春、秋季每隔半月施一次矾肥水或0.2%硫酸亚铁液，这样也能防止黄化病发生，促进枝叶繁茂，叶色浓绿明亮。

科普小链接

八仙花（*Hydrangea macrophylla*）又名阴绣球、洋绣球、紫绣球、紫阳花等，为虎耳草科八仙花属落叶灌木。原产于我国长江流域和日本，1736年引种到英国，至今在欧洲荷兰、德国和法国栽培比较普遍。其小枝粗壮，绿色，皮孔明显。叶大而对生，浅绿色有光泽，呈椭圆形或倒卵形，边缘具钝锯齿。伞房花序，球状有总梗，中央为可孕的两性花呈扁平状，外缘为不孕花，每朵具有扩大的萼片四枚，呈花瓣状。花色多变，初开时，小花为浅绿色，花瓣裂开后变为白色，成花后变为粉色或蓝紫色。

144 八仙花的花色如何进行调色？

八仙花花大色艳，花色能红能蓝，耐阴性强，花期长，是盆栽的好材料。也适宜在建筑物旁、池畔、林缘下种植，花团锦簇，叶绿花红，十分雅致耐看，其花序也是鲜花或干花的好材料。八仙花栽培基质的酸碱性对花色影响较大，通常土壤偏碱性到中性时，萼片颜色偏粉色或红色；土壤偏酸性时萼片为蓝色、紫色或者蓝紫色。还是先了解一下这个花调蓝的原理吧！八仙花中有种色素叫做飞燕草素，当飞燕草素和铝离子结合后就能呈现梦幻般的蓝色。但是飞燕草素只能同游离态的铝离子结合，酸性土壤中铝元素会变成游离态的铝离子。也就是说，调节酸碱度只是帮助或抑制铝离子游离的手段。我们需要一个酸性土壤，且保证有足够的铝离子，这样就可以调蓝。所以，家庭养植可以通过加入硫酸铝等调节土壤酸碱度来调节萼片颜色。

绣球品种"戴安娜王妃"

145 八仙花可以在哪种环境下栽培观赏？都有哪些变种？

德国兰普·琼格弗拉曾（Rampp Jungpflanzen）公司是世界著名生产八仙花的企业，也是八仙花新品种最主要的培育和生产单位。其次，荷兰的门·范文公司和以色列的亚格苗圃也是八仙花的主要生产企业。我国栽培八仙花的时间较早，在明、清时期建造的江南园林中都栽有八仙花。20世纪初建设的公园也离不开八仙花的配植，现代公园和风景区都成片栽植，以形成景观。其管理容易，可在建筑物的阴面、棚架或树阴下种植。观赏变种有：大八仙花，花全为不孕花；紫茎八仙花，茎暗紫色，叶椭圆形，花蔷薇色；齿瓣八仙花，花白色，花瓣边缘具齿牙；蓝边八仙花，花深蓝色，边缘花为蓝色或白色；银边八仙花，叶缘为白色。

绣球始花期　　　　　　　　　　　　绣球盛花期

146 郁金香种球购买时要注意什么？

家庭购买种球的地方一般都是专业性的花店或者花卉市场，种球质量的好与坏直接决定了将来开花的成功与否。通常购买的种球都是经过低温处理的，只要按照说明进行操作，开花不会出现太大问题。但选购时要注意：种球外表无创伤，球体不要因过分失水产生皱缩，种球本身没有霉变及软腐症状；整个球体拿在手中的分量是坚硬而充实的，有沉重感。

西安植物园的郁金香

147 家养郁金香时要注意哪些才能使其健康生长？

家庭养护的郁金香一般都是盆栽，因此在有限的基质条件下种植郁金香就要注意以下几点：摆放的位置要在室内明亮处，不要放在光线较暗的地方；在室内温度较高的地方花朵容易凋谢，所以放在较为凉爽的地方有利于延长花期；浇花用的水建议在室内放置一天，待水温提高后再使用，尽量避免水温和室温相差10℃以上，做到"干透浇透"；庭院养护郁金香注意不要积水，防止土壤板结。

148 郁金香是一次性花卉吗？怎么让它年年开花？

郁金香是多年生的球根花卉，种球保存得好，可以连年开花。首先花开完后要逐渐减少浇水量，直到叶片完全自然枯萎，到6～7月份采收鳞茎，采收时注意防止外伤。其次种球挖出来后要通风晾晒，再用百菌清、多菌灵等进行浸泡消毒，最后再放到通

郁金香的不同品种

风干燥处贮藏。第三，盆栽的郁金香可以不用挖出来贮藏，可以留在盆中，不要浇水，放在阴凉处安全度夏即可。只要球茎不腐烂，翌年就可以正常生长。

149 郁金香在6～9月有一个自然休眠期，这个期间该怎么养护？

郁金香开完花后进入5～6月份，地上部分的叶片就会逐渐枯萎，鳞茎会在6～9月份进入休眠状态，此时其内部就会进行叶和花芽的分化和发育，先是叶发育，然后是花发育，同时这个时期也是鳞茎的贮藏阶段。休眠期的贮藏成功与否，很大程度上决定了第二年开花的品质。一般在花期快结束时，可以适当追加一些叶面肥，如果种植数量少还可以打掉残花或者剪掉花枝，留2～3片叶子，减少鳞茎的营养消耗。6月初挖出来，将鳞茎晾干后放在通风阴凉干燥的地方贮藏。切记在挖球茎时不要弄伤表面，以免病菌侵染影响其品质。9月的温度属于郁金香贮藏的中间温度，通常在20℃左右，时间2～7周，之后再进行低温春化处理后就可以了。

郁金香的不同品种

150 郁金香怎么繁殖呢？

郁金香的繁殖有3种方法：种子繁殖、鳞茎繁殖和组织培养。鳞茎繁殖是现在最主要的方法；种子繁殖一般用于育种，是品种选育的重要途径之一；组织培养需要较高的设备条件。

种子采收后一般在9～10月份播种，播种后当年有根系发育，第二年春天才发芽出土。第一年的小苗只有一片叶子，第二年小球可以进行复壮栽培，直至4～5年后才可以开花。鳞茎繁殖属于无性繁殖，也叫子球繁殖，一个完整的母球中心部分是分

化完整的花芽，接着是叶芽，外面是若干个鳞茎片，每个鳞茎片的腋下分布着很小的子鳞茎，长大后就是子球。母球种植后，子球生长点也开始生长发育，当子球长到较大的时候，才能抽出叶片。一般一个母球可以收 2～6 个子球。

151 月季在生长过程中对温度有什么要求？生长的过程是如何随温度变化的？

月季是一种最为常见也是最受欢迎的庭院花卉，对温度、水分、土壤、光照等都有一定的要求。了解月季的生长对温度变化的适应性有助于我们做到更好的养护。月季最适宜的温度是 15～25℃，在关中地区，5～6 月是其开花最为旺盛的时期，随着气温的升高，在伏天其生长会随着温度的上升而受到抑制，这个时候的花色及大小都不如春天和秋天，比如花小、露心大、色泽暗淡、花少，甚至落叶等，且易受病虫危害。所以高温季节，特别是楼顶、阳台种植月季，需要进行适度遮阴。9 月气温下降到 30℃以下，月季的生长发育就会出现转机，10 月的温度又会很适宜月季的生长。当气温下降到 0℃以下出现霜冻时，月季开始落叶休眠。如果把月季放置在室内过冬，虽然四季常绿，但不利于翌年生长。早春气温稳定在 5℃以上时，月季根系吸收水分和养分，开始萌芽生长。

月季的不同品种

152　月季在不同生长发育阶段对水分的需求是怎样的？

月季属中性花卉，对土壤水分的要求应该是间干间湿，也就是说保持60%左右的土壤含水量即可，最忌讳的是土壤积水。在萌芽期，根系刚开始活动，气温低，因此要求比较湿润的土壤；在现蕾期可增加浇水频次，保持土壤湿润，延长花期；花后修剪后结合追肥进行浇水，但要控制浇水量，以免养分流失。另外，空气湿度对月季的生长也有较大影响，特别是扦插、嫁接繁殖幼苗时，空气湿度要保持在80%以上才行，以提高繁殖成活率。月季生长阶段和开花阶段，保持适宜的空气湿度也能让叶片清洁亮绿，花朵鲜艳。

153　月季花开不断，需肥量较大，如何满足盆栽月季对营养的需求？

盆栽月季由于提供营养的基质有限，因此需要不断地供应各种养料才能保证其正常生长及开花。可以从以下3个方面解决：① 追施有机肥料。包括鸡鸭粪、草木灰、油渣、骨粉等。这些肥料必须经过沤制腐熟后才能使用。② 追施无机肥料。包括氮、磷、钾肥及复合肥，或者黑矾水等用水溶液进行浇灌，浓度低于0.3%。③ 孕蕾期间需要硼、钠等微量元素，可以进行根外追肥或者叶面喷施，喷施浓度在0.05%～0.1%，这样对提高花朵数量和质量都有帮助，还可以减少落花、落蕾。

154　月季扦插成活的主要因素有哪些？

月季扦插成活的因素分为内在因素和外在因素。其中内在因素有5个点，分别是① 品种的遗传性。一般优良品种生根较难，微型月季等生根较易；② 插穗所采母株的年龄。一般从幼龄和壮龄母株上采取的插穗分生能力强，生根快，所以一年生枝条最适宜作插穗；③ 枝条部位及发育状况。如根茎处的萌蘖条和主茎上的萌发条要比侧枝上的萌发条发育充分，容易生根。多数品种以枝条中下部位置的插穗生根成活率高。枝条基部过粗，伤口不易愈合。枝条梢部幼嫩，发育不充实，也不适合作硬枝插穗；④ 插穗上的叶和芽。由于芽的附近根原基分布较多，营养物质也较丰富，因此插穗的下切口在靠近芽下剪切，插穗容易成活。嫩枝扦插在有光的条件下，保留一定数量的叶片，有利于光合制造营养和产生激素，提高扦插成活率。⑤ 插穗下切口形状。对生根困难的品种，采用斜面剪切，有利于插穗生根成活。

外在因素有 4 个，分别是：① 土壤温度。一般 18 ～ 25℃比较适宜，嫩枝扦插则在 25 ～ 30℃有利于生根。土壤温度比气温高出 3 ～ 5℃，昼夜之间保持一定的温差有利于生根。② 土壤水分及空气湿度。空气湿度保持在 85% 以上为宜，可以采用微喷的方法来实现。③ 扦插基质。选择通透性好、保水量高、中性或者微酸性的基质为好，如蛭石、珍珠岩、炉渣、河沙等。④ 光照。一定的光照强度可以促进带叶插穗的同化作用，有利于插穗生根，但强烈的直射阳光会灼伤幼嫩枝梢，需要适当遮阴。

月季的不同品种

155 玫瑰和月季是一样的吗？

玫瑰馥郁浓香总是让人流连忘返，可是枝干上密布的小刺却让每个喜欢它的人可望而不可即。可能会有人不解地问，满大街的花店处处都能看见它的身影，怎么能说不可即呢？难道它不是玫瑰？的确如此！实际上我们用来传递爱情和友情的花是月季的一个品种——"现代月季"，玫瑰和它只是同科同属的两姐妹。

玫瑰

玫瑰和月季之间到底有什么区别？玫瑰和月季，从植物分类上来讲它们同属蔷薇科蔷薇属植物，但玫瑰是落叶灌木，其枝干多刺密集，小叶通常5～9片，椭圆形，表面多皱纹。花期短，通常在4月底到5月底，多数一年开一次，其花柄较短，花形较小，花单生或数朵簇生，紫红色，有浓香。玫瑰有白玫瑰（单瓣、香味浓郁）、紫玫瑰、红玫瑰、重瓣白玫瑰。月季为常绿灌木，枝直立，树干较开张，茎干常具钩状皮刺，但不密集。月季羽状小叶3～5片，叶子平展，有一定光泽。月季是多季开花，一年开多次，通常盛花期主要集中在4～10月，常数朵簇生，微香。

虽然玫瑰和月季在分类上是完全不同的两个种，但有关语言的工具书比如英汉辞典、英法辞典，包括翻译等都将月季和玫瑰翻译成一样的单词，如"rose"，所以，我国的香港、澳门、台湾以及东南亚华人居住地区，都称月季为玫瑰。月季已经成为世界上用途广泛的礼品花卉之一，而真正的玫瑰是不能拿来作切花的，现在我们随处可见的"玫瑰"叫现代月季，是以玫瑰特有的香和月季丰富的色彩反复进行杂交选育出来的，又称现代切花玫瑰，四季花开不断，芳香宜人。

玫瑰适应性强，可作花篱、花坛、花境，但不适合作切花材料，大面积种植玫瑰主要是用其花朵提取玫瑰精油。月季同样对环境有很强的适应性，可作切花材料，还可以盆栽观赏。

科普小链接

玫瑰代表爱情的蕴义源自西方，但它的原产地却是我国北部，以及朝鲜半岛、日本、俄罗斯。玫瑰又名徘徊花，在我国有悠久的栽培历史，据《西京杂记》中记载，汉朝的宫廷中就大量栽种，唐宋以后更为普遍，宋人杨万里就有"接叶连枝千万绿，一花两色浅深红"的诗句。18世纪，西方人到日本和中国的北部引种玫瑰，从此它真正走出了国门，1796年引种到了美国，1845年玫瑰遍及欧洲。

月季是我国古老的花种，也是十大名花之一，其植株挺拔，花色艳丽，花期长，因其"花落花开不间断""一年长占四时春"，人们赠予其"花中皇后"的美称。作为群芳之首，它象征幸福、吉祥、圣洁，是世界上最主要的切花和盆花之一。相传在神农时代，我国就有人工栽培野生月季的记载，北宋年间，在洛阳、苏州等地庭院广泛栽培，明代李时珍在《本草纲目》中写道"月季，处处人家多栽插之"。可见，人们喜爱月季源远流长。

156 为什么家里的羽扇豆花序低垂或长歪了呢？

羽扇豆喜凉爽、光照充足的环境，家里盆栽羽扇豆花序低垂或长歪的原因主要有两点：首先是光照不足，羽扇豆喜欢阳光充足的环境，在室内养护应该放置在阳台光照充足的地方，如果光照不足就会花色变淡，落花或者花序向光生长，产生花序低垂长歪。其次，羽扇豆花期对水肥需求很大，如果营养跟不上也会引起花序低垂，因此，羽扇豆花期时最好将其放置在光照充足的阳台，适量增加磷钾肥，每隔2～3天浇足水分，这样才能保证花序笔挺，花开不断。

西安植物园的羽扇豆花展

西安植物园的栽培展示

157　为什么羽扇豆的叶子会变黄呢?

养植中很多花友会发现羽扇豆的叶子会变黄，这是怎么回事呢？

通常羽扇豆种植中出现叶子变黄的现象，主要是由于土壤不合适，羽扇豆根系属直根系，须根较少，喜欢排水良好，疏松肥沃的酸性土壤，如果土壤偏碱性板结或者排水不良都会导致叶子发黄。如果黄叶发生时羽扇豆苗子较小，没有花蕾抽出，这时候可选择进行盆栽换土，更换疏松肥沃偏酸性土壤。如果黄叶发生时，羽扇豆种苗已经较大，且花蕾已经抽出，这时候不能进行盆栽换土只能进行土壤改良，及时补充铁肥或者浇灌酸性肥，降低土壤pH值后，羽扇豆的叶子就会逐渐变绿。此外，夏季温度过高、湿度过大、光照过强，羽扇豆也会出现黄叶，甚至叶枯现象，此时需要将其挪至25℃以下的阴凉环境中，叶子就会慢慢地恢复过来。

羽扇豆的品种

158　有髯鸢尾和无髯鸢尾怎么区别?

鸢尾属植物为多年生草本，约有300种，广泛分布在北半球，其野生种产于北非、地中海沿岸以及高加索地区，包含了从水生、陆生到旱生的各种生态类型。鸢尾花朵特别，花瓣6片，外3片大，外弓或下垂，称为"垂瓣"；内3片较小，直立或呈拱形，称为"旗瓣"。有髯鸢尾是鸢尾中的佼佼者，它的花朵垂瓣的基部中心即颈部着生有髯毛状附属物，所以叫有髯鸢尾。有髯鸢尾通常为杂交种，其不仅外花瓣中肋上具有色泽多变的细密髯毛状附属物，还具有花大、花形奇特、花色艳丽等特性。有髯鸢尾花色也很丰富，观赏价值高，耐寒，花期5～6月，是花境和庭院美化的好品种。

鸢尾园艺种

159 鸢尾如何繁殖？

鸢尾是较为常见的庭院多年生花卉，喜欢阳光，通常用于花坛、花境等处，但在墙根、坡下、沟边、池畔等阴湿之地，它也能叶茂花繁、经年不衰。它的繁殖通常有分株和播种两种。分株通常在9月进行，将1～2年生的根茎横切成数段，每段带2～3个芽，平放栽植，深度不超过5 cm，覆土厚度以盖住根茎为宜，栽植太深容易腐烂。分株也可以在3～4月刚萌芽的时候进行。另外播种通常在春天点播，播种后保持土壤湿润，浇水不宜太多，实生苗3年后开花。

160 鸭嘴花遇到红蜘蛛怎么办？

鸭嘴花为爵床科鸭嘴花属灌木，因其盛开的花像欢唱的鸭嘴而得名。鸭嘴花的茎干可入药，叶和花在印度一些地方不仅可以作为蔬菜食用，还可以作为观赏花卉栽培，其叶绿花白，淡雅而素静。鸭嘴花喜疏松、肥沃、排水良好的土壤，耐阴但不耐寒。若通风不畅或太阳暴晒而水分供应不足则容易出现红蜘蛛虫害，叶片的绿色变淡甚至发黄，叶背面有微小灰白色斑点，细看会发现有红色微小的红蜘蛛和蜘蛛网，虫害严重时会引起落叶。如果虫害较轻，可以剪除有虫害的部位后置于通风较好、阳光不直射的地方，或者用水冲洗整个植株和叶片，边冲洗边用手擦拭，保证害虫被冲洗干净；如果虫害较严重，则需要修剪后定期喷洒哒螨灵、爱卡螨等杀螨药液3～5次，直到彻底消除虫害。

鸭嘴花

161 朱顶红都会长子球吗?

朱顶红又叫柱顶红、百子莲,是石蒜科球根类花卉。由于花梗从球茎中抽出,梗先端开花,所以又称为孤顶花。其鳞茎肥大,剑叶6～8片左右两列,健壮的植株正常着花可达4～8朵,两两相背而开,所以民间又有"对头红""对角花"之称。朱顶红的花箭可一箭花谢,一箭接着开,也可双箭齐发或三箭蝉联开花。现在花卉市场流行的是杂交大花朱顶红,颜色也丰富多彩,有雪白、粉红、橙红、大红、绿色以及带各种条斑色彩的。市场供应的朱顶红鳞茎也分为两大类,一是国产种球,大小形态不一,价格较便宜,栽培容易,花小,以单瓣为主,通常栽培两年后可生子球;另一种为进口种球,通常鳞茎充实,大小形态基本一致,花大,有重瓣品种,但价格较贵,栽培几年也不长子球。

朱顶红单瓣品种

162　朱顶红适合种植在阳台，但需要注意什么呢？

朱顶红远看风华正茂，近观楚楚动人，家庭阳台养护需要注意什么呢？首先摆放位置最好在阳面阳台，春季花开后及时剪除花茎，以免消耗养分，8～10月是朱顶红花芽营养积累的时间，除光照要好以外，还需要增加追肥次数。一般正常肥水管理到10月下旬，气温降低后移入室内，剪除叶片，强制休眠，并远离热源。到早春气温回升到18～20℃，鳞茎内部生理活动加快，花芽会很快形成并伸出鳞茎，然后移至光照较好处正常管理，要不了多久，鲜艳夺目的朱顶红就会盛开。朱顶红家庭养护病虫害较少，但在高温干燥季节会受红蜘蛛危害，若出现虫害可将花盆搬到水池边放倒，用水冲洗一两次即可消除。到了秋季，叶片可能会出现红褐色斑点，这是叶斑病，喷洒澄清石灰水即可消除。

朱顶红重瓣品种

163 醉蝶花是非常好的花坛植物，如何繁殖管理它呢？

醉蝶花是一两年生的草本花卉，其花茎长而壮实，花朵盛开时，总状花序形成一个丰满的花球，朵朵小花犹如翩翩起舞的蝴蝶，非常美观。其种子数量比较多，发芽率也比较高，因此播种繁殖是最主要的繁殖方法。一般3月份播种，10天可发芽，6月份开花，花期很长，可以陆续开到9～10月。整体来讲，醉蝶花适应性强，喜欢高温和阳光充足的环境，半遮阴也能良好生长，耐暑热，耐干旱，忌积水。对土壤要求不苛刻，水肥充足植株就高大；一般肥力中等的土壤株型会矮一些。醉蝶花根系较发达，用盆宜稍深大些，以盆径20～30 cm为好。除在碱性土壤中生长不良外，在沙质土、黏性土中都能生长，在微酸性沙质壤土中生长最佳。开花之前一般进行两次摘心，这样可以促使其萌发更多的开花枝条。醉蝶花的生长季节为夏季，霜冻植株即枯死。

盛开的醉蝶花

醉蝶花花序

醉蝶花种子

醉蝶花盆栽

醉蝶花育苗

164 北方栀子花为什么经常落花、落蕾?

栀子花开

通常第一年从南方引种的栀子花在北方枝繁叶茂,第二年开始生长缓慢,花朵变小,叶变黄易脱落,严重时植株死亡。主要原因是北方土质偏碱性,气候干燥和水质不适宜其生长。了解栀子花的生长要素可以帮助我们在养护栀子花的时候减少落花、落蕾及黄叶现象。

(1) 基质。栀子花在 pH 值为 5~6 的酸性土壤中生长良好,北方栽植采取浇"矾肥水"的办法可以很好地调节 pH 值,也可在盆土中掺入 0.5% 黑矾粉末(硫酸亚铁)。生长季节每隔 10~15 天浇 1 次 0.5%~1.0% 的黑矾水即可防止叶片发黄使栀子花叶色浓绿光亮。

(2) 水分。苗期要注意浇水,保持盆土湿润。用雨水或经过发酵的淘米水浇灌为好。8月份开花后只浇清水,控制浇水量。冬季严控浇水。

(3) 温度。10月寒露前移入室内,置于向阳处。冬季在温度不低于 0℃ 的环境中越冬,可耐短时间 3℃ 的低温。

(4) 整形修剪。花后剪去顶梢,促进分枝萌生,形成完整树冠,确保以后开花多。

165 栀子花最常见的病害是什么?缺少微量元素的表现是什么?

栀子花最容易发生黄化病。黄化病由多种原因引起,故须采取不同措施进行防治。缺肥时从植株下部老叶开始发黄,逐渐向新叶蔓延;缺氮时单纯叶黄,新叶小而脆;缺钾时老叶由绿色变成褐色;缺磷时老叶呈紫红或暗红色。针对以上情况,可追施腐

大花栀子

花叶栀子

芳香素雅的栀子花

熟的饼肥。缺铁时表现在新叶上，开始时叶片呈淡黄色或白色，叶脉仍是绿色，严重时叶脉也呈黄色或白色，最终叶片会干枯而死。对于这种情况，可喷洒 0.2%～0.5% 的硫酸亚铁水溶液进行防治。缺镁时老叶开始逐渐向新叶发展，叶脉仍呈绿色，严重时叶片脱落而死，可喷洒 0.7%～0.8% 的硼镁肥防治。浇水过多、受冻时，也会引起黄叶现象，所以在养护过程中要特别加以注意。

另外，栀子在冬季室内通风不良及温湿度过高时，容易发生蚧壳虫危害，并伴有煤烟病发生。蚧壳虫可用竹签刮除，也可用 40% 氧化乐果乳油 1500 倍水溶液进行喷雾防治。对于煤烟病，可用清水擦洗，或用多菌灵 1000 倍液进行喷洒防治。

科普小链接

栀子（*Gardenia jasminoides*）又名山栀子、木丹、玉荷花、白蟾花等，是茜草科栀子属常绿灌木或小乔木，原产于我国西南部，早在汉唐时期就广为栽培。植株大多比较低矮，干灰色，小枝绿色，单叶对生或 3 叶轮生，叶片倒卵形，革质翠绿有光泽。花单生枝顶或叶腋，白色浓香；花冠高脚碟状。花可做茶和香料，果实可消炎祛热。通常说的栀子花指观赏用重瓣的变种大花栀子。栀子叶色四季常绿，花香气浓郁，绿叶白花，格外清丽可爱，为庭院中优良的美化材料，适用于阶前、池畔和路旁配植，也可用做花篱和盆栽观赏，花还可做插花和佩带装饰，皮可做黄色染料，木材坚实细密，可供雕刻。

二、观叶植物

166 龙血树是一种植物还是一类植物？家庭中常见的观赏性龙血树属植物都有哪些？

龙血树为天门冬科（*Asparagaceae*）龙血树属（*Dracaena*）植物，龙血树属有好多种类，如龙血树类、锦龙血树类、线叶龙血树类、百合竹类、富贵竹类、星点木类等。其中龙血树类有我们非常熟悉的龙血树（*D. draco*），还有我们平时称之为"巴西木"的香龙血树（*D. fragrans*）以及金心龙血树（*D. fragrans* 'Massangeana'）、金边龙血树（*D. fragrans* 'Victoria'）。锦龙血树类包括锦龙血树（*D. deremensis*）、银边铁（*D.deremensis* 'Warneckii'）、白纹龙血树（*D. deremensis* 'Longii'）、黄绿纹龙血树（*D.deremensis* 'Roehrs Gold'）等。富贵竹类包括富贵竹（*Drecaena sanderiana*）、金边富贵竹（*Drecaena sanderiana* 'Golden edge'）、银边富贵竹（*Drecaena sanderiana* 'Margaret'）、银心富贵竹（*D. sanderiana* 'Margaret Berkery'）等。百合竹类包括百合竹（*D. reflexa*）、黄边百合竹（*D. reflexa* 'Variegata'）等。线叶龙血树类包括线叶龙血树（*D. marginata*）、三色线叶龙血树（*D. marginata* 'Tricolor'）等。星点木类包括星点木（*D. godseffiana*）等。

龙血树

第三章 植物各论

科普小链接

龙血树属又称虎斑木属。同属的植物约有150种,我国有5种,广泛分布于亚洲和非洲的热带及亚热带地区。有直立单茎的,有矮生多茎的,叶片也有条纹或者斑块的,观赏价值较高。龙血树因能分泌紫红色的树脂而得名,这种有特殊香味的树脂被称作"血竭",具有止血和治疗跌打损伤的功效,也可作为染料。

167 龙血树开花吗?寿命很长吗?

龙血树为单子叶植物,家庭养护的龙血树很少有人能看到其开花,因此开花感觉很新奇。其实龙血树在原产地能常年开花结实,通常3～6月开花,圆锥花序或者总状花序,花大型,花轴分枝,每个枝条顶部密生3～5朵小花,花白色或者淡紫色,夜里有香味。浆果橘红色。

花叶朱蕉

龙血树寿命很长。1799年,德国科学家洪堡在加纳利群岛发现的一棵已经生长了8000多年的老树,后几经鉴定,确认为龙血树,因此龙血树可谓是世界上寿命最长的树。

168 龙血树喜欢什么样的环境?家庭养护时需要注意哪些因素?

① 龙血树喜欢温暖的环境,生长适宜温度在18～24℃,越冬温度依据种类不同有所差异,比如绿叶富贵竹安全越冬最低的温度可以到2℃。如果温度低于其耐受的低温,则会产生焦叶现象。② 光照方面,多数种类均具有一定的耐阴性,但叶面有彩色条纹和斑块的种类,则需要充足的散射光才能保证色彩的鲜艳。烈日暴晒容易产生焦叶或者焦边。③ 水分方面,龙血树在生长旺盛期需要充足的水分,但不能积水。入冬休眠时期可以控制浇水量。④ 湿度方面,龙血树喜欢湿润的环境,生长期保持70%左右的空气相对湿度有利于其生长。⑤ 养分方面,龙血树在生长旺盛期,应该每隔15天

左右施用一次肥料，比如根外喷施 0.1% 的氮肥和 0.2% 的磷酸二氢钾溶液可以让叶片更厚实。9 月中旬开始可以施用 2 次磷钾肥，增强其抗寒能力。⑥ 土壤方面，龙血树喜欢排水良好、富含腐殖质的壤土。

169　水培龙血树要注意什么？

马尾铁

龙血树属植物水培能否成功，最重要的就是换水。因为植物根系在生长过程中会因为呼吸作用而消耗水中的氧气，从而对其生长产生一定的影响。对于已经在水中生根并适应水培条件的植株来讲，应根据季节的变化，调节换水间隔的时间。气温越高，水温越高，水中的溶氧量就越少，微生物繁殖迅速，容易引起水质的变劣。所以气温高时换水宜勤，气温低时，换水间隔时间可以长一些，通常夏季 3～5 天换一次，春秋季节 5～7 天换一次，冬季可以 10 天左右换一次。换水的时候，用清水冲洗一下植株根部的黏液，并剪去老化的根系和烂根。若光照比较好，水培器皿上容易长青苔，冲洗的时候也应该将青苔洗刷干净。其次，换水或者加水的时候不要把水注得太满，要让一部分根系露出水面，充分满足龙血树对氧气的需求，健壮生长。第三，施肥方面，水培龙血树的施肥要用无土栽培的营养液，并严格按照说明书上的要求施用，切记施肥不能过浓，以免引起肥害。另外切记不要在水中施用尿素，否则容易引起污染。同时施肥应在生长旺盛期进行，冬季休眠期一般不需要施肥。

170　朱蕉属和龙血树属的植物茎干光秃了怎么办？

朱蕉属和龙血树属的很多植物都有一个特点，就是室内养护 1～2 年或者再久一些，特别是茎干相对粗的老株，其茎干基部的叶片会枯黄脱落，影响观赏效果。碰到这种情况，如果株型比较特殊、有一定的观赏价值，将枯黄的叶片剪除后，仍是一盆比较不错的装饰物。如果株型没有特点，那只有进行修剪才能解决问题。如何修剪呢？

具体做法是：将主茎干进行短截去顶处理，并用塑料袋将剪口套起来，保持湿度，这样就会阻止主茎干继续往高长，让距离顶部较近的侧芽萌发，长叶，母株的再发芽可以让整个植株的高度降低，枝繁叶茂，同时剪下来的茎干也可以繁殖用。如果有花序长出，那就等第二年春天修剪，以利于萌发新侧芽。

朱蕉

171 香龙血树和巴西木是一个物种吗？为什么说它"生生不息"？

每个喜欢养花的人都希望家里能养一盆叶色翠绿，姿色优美的观叶植物，而且要求其适应性强、管理简便，生长慢、寿命长，这样既不用来回挪动、修剪，又能给居室增色。这样的植物其实在我们周围很常见，香龙血树就是其中一种。

香龙血树（*Dracaena fragrans*）也叫巴西木，幸运树、香千年木。它的茎干粗大，叶片宽宽的，长长的，弯弯的，很柔和。我们平日能见到的盆栽品种有好几种，其中有香龙血树，叶片全绿；"金心"香龙血树，叶片中央有宽的金黄色条纹；"金边"香龙血树，叶片中央为绿色，而两边为金黄色；"银边"香龙血树，叶边缘有白色条斑。

香龙血树的主产地在中南美洲，在原产地它可以长到 6 m 以上。有的种类的茎、叶被划破后会流出一种棕红色的汁液，这种汁液能提炼药用的"血竭"，民间称之为麒麟血。其独有的药用价值被人们发现后，就开始由巴西人最先进行大量采用。香龙血树生长环境阳光充足、荫蔽均可，但在有散射光的明亮处生长最佳。光线过于纤弱会让叶片的金心变得不明显，

香龙血树

夏日的阳光不宜直射。冬季养护时，室内温度不要低于5℃就能完好无损，否则叶尖、叶缘会因为低温而出现黄褐色斑点或斑块。同时，由于北方冬季室内空气干燥，所以要经常在叶面喷水，保持叶色鲜艳。

香龙血树一旦受害，可以根据情况进行挽救，如果叶片受害，树干无损，可将叶片除去，将植株放在高温高湿（25℃）环境下养护，1个月后即可长出新芽；如果树干受损，可将没有受损的树干锯下来，长度最短5 cm即可，插于沙子中，同样高温高湿环境养护1个月就生根了。如果主茎高大不丰满，还可以进行短截去顶处理，这样可以压低树冠，让母株多发侧芽。香龙血树的生命力很顽强，的确可以算是"生生不息"了。在南方，商家通常进口这种树干，然后截成不同高度的茎干做搭配，高低错落，参差分明，落落大方。有的商家也出售一小段茎干，我们也可以买回家竖立在水盘中养护，干净卫生，别具一格。

172　巴西木常用的繁殖方法有哪些？水养巴西木要注意什么？

金心巴西木

巴西木常用扦插繁殖，包括基质扦插和水培两种。其中水培注意以下几点：第一，插条插入水中不能太多，2～3 cm即可。第二，要勤换水，保持一周2次，这样1个月后可生根。第三，水养到第二年，由于根系密布瓶中，所以要将老根进行部分修剪，减少烂根现象，促进新根生长。第四，可以在水中加水培营养液或者在叶面上喷施，保持其生长旺盛。

173　芳香植物和香草的范围相同吗？有什么区别？

芳香植物是一个大概念，其范畴大于香草，它可以分为草本和木本两种类型，其中木本类型包括我们熟悉的玫瑰、茉莉、米兰、桂花、丁香等。草本类型的芳香植物通常统称为香草，即香草植物，包括少量的具有代表性的亚灌木芳香植物，是具有药用植物和香料植物共有属性的植物类群，全世界3000多种，我们最熟悉的有薰衣草、鼠尾草、百里香、薄荷、迷迭香等。

第三章 植物各论

百里香	 芳香鼠尾草	 茴香
 荆芥	 昆仑雪菊	 留兰香薄荷
 牛至	 欧芹	 西洋蓍草

174 香草植物在家里养护放置在什么环境下比较合适？平时要注意什么？

香草多为长日照植物，通常都喜欢光照，所以一般都放置在朝南的阳台或者光照充足的窗台上，这样才能源源不断地散发出芳香。如果环境太荫蔽，香味就会越来越淡甚至消失。香草通常都比较好养，好管理，属于"懒人花"，耐高温耐低温，水不宜太多，见干见湿的浇水原则。另外，香草植物在炎热夏季，如果阳光过于强烈，也可以适当遮阴，保证其叶片不被阳光灼伤。

香蜂草

175 盛夏常见驱蚊虫的香草植物有哪些?

香草植物的根、茎、叶、果实及种子均含有多种有效成分。近年来，它们的保健作用越来越引起人们的重视，泡茶、料理、花艺、沐浴等都应用得非常广泛，但大家忽略了它的另一个特殊功能——杀菌、驱除蚊虫。下面介绍几种好养的香草。

（1）驱蚊香草：牻牛儿苗科多年生草本植物，又叫"蚊净香草"，它能散发出一种清新淡雅、对人体无害的柠檬香味，通常气温越高，驱蚊香草挥发的香分子就越多，驱蚊效果越好。其生命力强，只要有水和阳光它就能生长得郁郁葱葱。扦插很容易生根，一盆中栽4～5棵扦插苗，半年就可以长满

驱蚊香草

盆，两到三年后主枝就逐渐木质化。生长期枝叶的造型可人为随意改变，春季开花，淡紫红色，整株具有很高的观赏价值。驱蚊香草春、秋、冬三季均可放在有直射阳光的地方，但夏季烈日最好稍有遮阴。夏季可耐35℃的高温，冬季温度保持在0℃以上，15～25℃生长最快。浇水应掌握"见干见湿"的原则，浇水过多会引起叶片发黄脱落甚至烂根。施肥应掌握"薄肥勤施"的原则，一般1个月左右施肥1次，可用豆饼、蹄片、鱼腥水混合配制，待发酵后加水使用。也可用专用花肥。

藿香

（2）薄荷：唇形科多年生草本植物，能吸收室内有害气体并释放新鲜负氧离子，净化空气。用手抚摸叶片或茎都会发出清凉的香味，蚊子惧怕，避之不及。薄荷适应性强，耐寒且好种植，非常适合新手栽培。它喜欢光线明亮但不要阳光直接照射，同时要有丰润的水分。因此，浇水最好在土壤未完全干燥时进行。薄荷生长极快，随时可采下食用，泡茶入菜都是不错的选择。香草研究专家说："千万不要怕将香草摘下来，有些草本香草植物越摘，植株会越茂盛。"薄荷就是其中的一种，它的繁殖可以用分株法或扦插法，在春夏生长季节中利用切成一节一节的茎繁殖，非常容易发根。薄荷喜温暖潮湿和阳光充足、雨量充沛的环境。根茎在 5～6℃时就可萌发出苗，其植株最适生长温度为 20～30℃，有较强的耐寒能力。

（3）一摸香：芸香科多年生草本。其肉乎乎的小圆叶上有细细的绒毛，初闻没有什么味道，可用手轻轻地触碰后就会有很好闻的浓烈胡椒香味。整个株型翠绿硬挺，圆润可人，非常适宜阳台和光照条件好的居室养护。

一摸香

一摸香也叫碰碰香

扦插繁殖的一摸香

一摸香喜欢温暖通风的环境，略微湿润或干燥的气候环境也能很好生长。其生长适温 20～30℃，冬季忌长期阴湿，对温度要求很严，10℃以下停止生长，15℃就有落叶现象，在霜冻下不能安全越冬。家庭养护时尽量放在有明亮光线的地方，如采光良好的客厅、卧室、书房等场所。在室内养护 1 个月左右可以搬到室外有遮阴的地方养护一段时间再搬回室内，如此交替养护效果会更好。一摸香特别好繁殖，当冬季温度低时，基部会有叶片脱落现象，别急着去修剪它。当春天来临时，将顶部枝条剪下来，长5 cm就行，直接插到装有土壤的花盆中，浇足水分，一般直径15 cm的花盆插8个顶芽，一个星期后就可生根，一两个月就会绿茵茵地长满一盆，嫩绿无比，非常好看。

176 种植薄荷时要注意什么？怎样提高薄荷的繁殖率？

薄荷为多年生草本植物，全株有清凉香气，其种类也很多，有绿薄荷、皱叶薄荷、胡椒薄荷、巧克力薄荷、苹果薄荷、凤梨薄荷、柑橘薄荷等。薄荷根系较浅，其根茎大部分集中在土壤表层15 cm左右的范围内，其对环境适应性很好，喜欢阳光，能在零下20℃的低温下依然安全越冬。

薄荷根茎和地上茎有很强的萌芽能力，所以花盆里种一株薄荷两年后会长满盆。在生产上利用这个特性进行扦插繁殖，繁殖率很高。由于薄荷根茎无休眠期，所以只要条件适宜，一年四季都可以扦插繁殖。

盆栽薄荷

薄荷

177 马拉巴栗是发财树吗？发财树叶子发黄、变黑、掉落怎么办？

马拉巴栗是木棉科常绿小乔木，又叫大果木棉，因其有掌状复叶被喻为招财进宝的手，又名发财树。家庭养护过程中发财树时叶子发黄、变黑、掉落的主要原因可能是浇水不当。浇水太少会导致干旱缺水，叶子发干、发黄；而浇水太多会导致积水烂根，从而叶子发黄、变黑，从叶柄上脱落。尤其在冬季更应该减少浇水，过多的水分一定要及时排出，这样才能保证其正常生长。此外，发财树生长的适宜温度为20～30℃，如果温度偏低，也会导致黄叶、落叶，这时只要保证室温升高，发财树很快就会恢复生长，长出绿叶。

发财树的花　　　　　　　　　　　难得见到发财树开花

发财树整株　　　　　　　　　　　发财树最有特点的辫子

178　广东万年青有毒吗？

广东万年青为天南星科粗肋草属多年生常绿植物，耐阴，是很好的室内盆栽植物。在园林景观中也有应用，但其茎中含有生物碱和一些酶类的乳液，因此是有一定毒性的，但其毒性微乎其微，只要在家庭种植时不要误食入口，修剪时不要使乳汁接触到皮肤，就不会对人体造成伤害。

广东万年青是常见的观叶植物

179 家庭养护广东万年青时需要注意什么?

广东万年青是常见的家庭盆栽观叶植物,叶片翠绿宽大,观赏价值高,生命力旺盛,易生根,能够适应水生环境,适合盆栽和水培养植。通常室内养植的温度要保证在18℃以上,不要放在阳光直射的地方,否则叶子会出现焦边甚至枯黄的问题。盆栽浇水遵循"见干见湿"原则,广东万年青是肉质根,耐旱怕水涝,土壤积水容易使其根系呼吸不畅出现烂根。水培方法简单,通常水培前要对容器进行消毒,用自来水水培即可,自来水要晾晒一天后再用,让水中的氯气尽量散去。如果用凉白开或者矿泉水更佳。容器选择透明的,既有利生长,也可赏根。

广东万年青的花

180 旱伞草可以浸泡到水里吗？适应多深的水？

旱伞草又名水竹，顾名思义是生长在水里的，因此旱伞草可以种植在水里，但是不能浸泡在水里。旱伞草喜暖畏寒，喜半阴湿润环境，所以水培起来更方便。水培旱伞草首先要选取健康、较低矮的旱伞草进行脱盆，然后将根部泥沙清理干净，装入透明容器，将石子、鹅卵石等填入底部，压好根系，保证植株不倒伏，此外旱伞草冠幅较大，不要放置过密，加水量以刚没过根部为宜，夏季太热水分挥发较快时，可根据实际情况及时补充水分。

旱伞草在水系边生长旺盛

181 旱伞草叶子干枯怎么办？

旱伞草的花序就像一把小伞

旱伞草喜欢温暖湿润的环境，通常在通风良好、半阴环境下生长良好。如果旱伞草出现叶子干枯的现象，我们首先要从以下几个方面来寻找原因，并针对性地解决。首先，观察盆土是不是过干，旱伞草喜欢湿润的环境，水分不足易引起叶片焦黄，应该及时补充盆土水分，并进行叶面喷水，增加空气湿度。其次，观察叶片干枯季节，夏季温度过高，湿度较低，光照较强时旱伞草很容易发生叶片干黄的现象。就要增加空气湿度，然后将其置于半阴环境。如果叶片发黄出现在冬季，则考虑温度过低导致，旱伞草不耐寒，12℃以下停止生长，温度过低易受冻而造成叶片枯焦。

182 移栽的含羞草为什么叶子发黄？适合家庭养植吗？

用手轻轻一碰，含羞草的叶子很快就闭合了，所以很多人都很喜欢含羞草，但是含羞草买回家如果觉得花盆小需要换盆，而换盆后叶子常常会发黄萎蔫，甚至死亡。为什么会这样呢？难道是含羞草不适合家庭种植吗？其实主要是因为含羞草的根系属于直立根系，很容易受损伤。移栽时一定要注意保护含羞草的根系，脱盆时保证原有全部盆土都带进新盆，不要使根系裸露出来或根系损伤，换盆后按压周围土壤，浇透水即可。如果根系周围土球在换盆时有所松动或者呈现部分

含羞草的花

裸根，那换盆浇透水后置于半阴环境中 7～10 天，待缓苗结束，置于阳光充足的地方常规养护。如果含羞草苗小，也可以移栽后放在水盆中进行浸盆法灌水。夏季高温、干旱也可导致含羞草叶片发黄，因此，要注意浇足水分，遵循"见干见湿"的原则，可以每天浇水 1 次。冬季温度低于 10℃时，含羞草叶片也会变黄脱落，故冬季室温应保持不低于 10℃方可过冬。

含羞草作地被

183 有人说含羞草能够预测地震的发生,是真的吗?

含羞草的叶子用手触碰,或者浇水,或遇风,羽叶就会立即收缩起来,合在一起,叶柄下垂,因此称之为含羞草,也叫它感应草。1998年日本科学家研究发现,正常情况下,含羞草的叶子白天张开,夜晚闭合。如果含羞草叶片出现白天闭合,夜晚张开的反常现象,是否将要发生地震呢?经过证实含羞草的异常表现与地震之间并没有确切的关系。含羞草的叶片之所以能够闭合,是因为它的小叶和总叶柄基部具有膨大的叶枕,在小叶片感受刺激的时候,叶枕处的细胞膜透性和膜内外的离子浓度在瞬间发生了变化,导致叶枕细胞膨压改变,从而小叶合拢。触碰、外界环境温湿度以及光照等都可以使含羞草的叶片状态发生改变。

含羞草结种子了

含羞草的叶片很有趣

含羞草播种出苗

含羞草的种子

184 活血丹和欧活血丹是一种植物吗？盆栽观赏需要注意什么？

活血丹和欧活血丹都是唇形科活血丹属植物，全草入药。前者除青海、甘肃、新疆及西藏外，全国各地均有分布，主要生于林缘、疏林下、草地中、溪边等阴湿处，海拔 50～2000 m。后者产于新疆，欧洲各国也有分布。两者除了作药材外，还是很好的耐阴地被植物，茎蔓生，有走茎，作盆栽也是一种很好的垂吊植物。外形上二者比较相似，最主要的区别是：欧活血丹的萼齿短，叶无毛，多呈心脏形；活血丹的萼齿长，叶被柔毛，多呈肾形。

欧活血丹

两者盆栽或庭院栽培比较简单，一般只需要准备疏松肥沃的基质，在春季或者秋季采其匍匐茎，剪成 15 cm 左右的茎段将节间部分插入基质中或者采其匍匐茎，直接盘于盆中，用少量基质压实茎节处，浇透水分，置于室内通风阴凉处，10 天左右即可生根，后期进行正常养护即可。病虫害少，关中地区生长表现良好，四季常绿，由于其生长茂盛，种植一年后即可全面覆盖。另外，生长 2～3 年后其匍匐茎易离地架空，气生根不易接地，故入冬前可给植株表面覆土 1 cm 或覆盖落叶，增强其越冬抗寒性，以利来年旺盛生长。

活血丹的花　　盆栽活血丹　　欧活血丹的花　　盆栽欧活血丹

科普小链接

活血丹属在我国有5个种2个变种,其适应幅度大,种间形态特征极为相似,其中有多种广泛分布于秦岭。比如活血丹(*Glechoma longituba*),也叫连钱草,与欧活血丹(*Glechoma hederacea*)相似,还有白透骨消(*Glechoma biondiana*),同活血丹相似。由于这些种类的形态特征易受地理环境、生长发育的影响,从而影响形态学鉴定的准确性,并直接影响到临床用药的安全,目前可使用DNA条形码技术来鉴定中药材活血丹基源植物。

185 假叶树有着扁平正常的叶子,可为什么叫它假叶树呢?

有花植物通常由根、茎、叶、花和果实5大基本器官组成。正常情况下,这些器官分工明确,发挥着自己的功能。但某些植物在长期的系统发育过程中,为了适应新环境,其器官的形态、结构都相应发生了改变,这就是植物学上所说的器官变态。

假叶树整株

假叶树的变态茎

我们最熟悉的文竹、天门冬、昙花、假叶树、蟹爪兰、扁足蓼等植物都有郁郁葱葱、千姿百态的"叶子",其株型优美,花姿奇特。所谓的"叶子"其实只是假叶,都是由茎或枝演化而成,属于地上变态茎。它们正确的名字叫叶状茎(枝),执行着叶的功能,代替叶片进行光合作用,而真正的叶子早已退化甚至消失。

叶状茎(枝)虽然长着叶片的模样,但其上面依然可以开花、结实,有时还会有暂存的叶片。器官变态后,一般都执行着与原有作用不同的功能。据相关研究报道,叶状茎(枝)在变态过程中,维管束排列的次序虽受到了影响,但其中多数木质部排列的方向在远轴面。这说明,叶状茎(枝)外形上似叶,而内部结构却是茎,只是它特有的绿色组织要比一般茎发达。

假叶树原产于地中海地区,那里气候炎热干燥,大而薄的叶子对它生存是不利的,因此逐渐繁衍退化为鳞片状,着生在"假叶"的基部。我们现在所看到的扁平的叶子其实是它的变态茎,虽然很像叶子,但它是叶状枝,其上有节,节上能生叶和花,代替了原有叶片进行光合作用。因此,它是名副其实的假叶。

186 假叶树如何繁殖?

假叶树是雌雄异株植物,需要授粉才能结果实得到种子,因此,一般家庭养护中几乎很难结出种子。通常用分株繁殖。将假叶树从盆中磕出,去除腐烂的根系,把根状茎分成数段,然后进行盆栽分植。盆土选择疏松肥沃、排水透气性好的微酸性沙质土壤,移植后浇透水,放置在没有阳光直射的地方养护,经常向植株喷水可保持一定的空气湿度,利于缓苗,但是切记土壤不能积水,否则不利于根系恢复。等植株开始长出新的枝叶后进行常规管理即可。

假叶树的花

187 家庭可以种植的观赏蕨类都有哪些?

蕨类植物也叫羊齿植物,它没有鲜艳夺目的花和果实,但其形形色色的叶型叶姿和碧绿的色彩令人赏心悦目,因此很多人都想在家里种上一盆。但不是所有的蕨类植物都适合在家庭种植,因为室内条件一般都干燥、阴暗,蕨类植物虽然从寒带到热带均有生长,但更适合温暖湿润的环境,在热带与亚热带地区的种类更为丰富。目前证实可以在室内养护的蕨类种类有肾蕨、铁线蕨、全缘贯众、波士顿蕨、鸟巢蕨等,在室内栽植可以生长在富含腐殖质的基质中,适当给与合理的温湿度就会生长很好。另外荚果蕨、蹄盖蕨等露地种植可以当作宿根植物,因此在北方还可以作为庭院绿化的地被植物。

波士顿蕨

188 蕨类植物是怎么完成它的生殖过程的?

蕨类植物一生中有两种姿态:孢子体和配子体。我们通常看到的绿色蕨类植物是它的孢子体，孢子体长到一定时候，在叶腋或者叶片的背面或者边缘，会产生由许多孢子囊组成的各种形状的孢子囊群，囊内会产生大量的孢子。孢子成熟后，孢子囊就开裂，孢子就会散出来，孢子很小，就像灰尘一样，并随风飘散，遇到合适的环境就会萌发成和孢子体迥然不同的配子体。配子体很小，一般直径不超过1 cm，并贴着地面而生，含有叶绿体，可以独立生活。配子体上有许多精子器和颈卵器，成熟后受精成为合子，最后发育成幼孢子体。幼孢子体刚开始要依靠配子体的养分生活，当其长出次生根和2～3片小叶的时候就可以独立生活了，然后配子体就枯萎，这样就完成了蕨类植物的有性生殖过程。

凤尾蕨

189 蕨类植物是靠什么来繁殖的？家庭如何养护它？

蕨类植物是地球上最早出现的陆生植物类群，具有4亿多年的悠久历史。它们没有娇艳的花朵，但却素有"无花之美"之称。

现代蕨类植物很丰富，有12000多种，我国有2600多种，是世界上蕨类植物种类较多的国家。许多蕨类植物的叶片细窄且深裂如羊齿，故又称"羊齿植物"。其繁殖同真菌、地衣、苔藓一样是靠孢子繁殖后代，不开花结实，但其体内又出现了较原始的维管组织，所以它既是高等孢子植物，又是原始的维管束植物，在植物界的发展、演化过程中有承前启后的作用。

家庭如何养护蕨类植物？① 喜半阴，忌强光直射。在炎热的夏季一定要遮阴，否则叶子发黄甚至发生焦枯现象。② 一般蕨类植物不耐寒，忌风，忌闷热，其生长适温在25℃左右，低于5℃左右必须移入室内。③ 深秋逐步减少水分供给，越冬期停止喷水，以免烂叶，只保证栽培基质湿润即可。夏季要经常喷叶面水和地面水等，以增加空气的湿度，空气太干燥，叶子易卷边。④ 栽培基质选用透水透气、保水性好的腐叶土或苔藓均可。除冬季停止施肥外，其余每月追施一次稀薄腐熟的液肥，注意不能沾污叶面，否则叶片会出现黄斑或枯黄。

贯众

200 怎样才能收到蕨类植物的孢子？

收集孢子要注意采集时间，一般多在夏末到秋天是孢子的成熟期。孢子成熟后，也就是孢子囊由绿色变成褐色还没有开裂的时候，剪下带有孢子囊群的叶片，装入牛皮纸袋子中或者放入对折的干净报纸上，以免孢子崩落，将袋口扎紧或把报纸包好，在温暖干燥的环境下放置1～2天，孢子就会脱落出来。不要用塑料袋装，以免产生霉菌。如果囊群盖完全翻卷或者脱落，说明孢子囊过熟，孢子都已经脱落了。由于一般情况下孢子都是从叶子的下部开始向上部逐渐成熟，同一片叶子上的孢子成熟度也不同，所以宜采收叶片中下部的孢子作繁殖用，这个部位的孢子成熟度好，生命力强。

鸟巢蕨叶背的孢子

201 家庭养护的铁线蕨叶子为什么经常焦边？

铁线蕨是一种栽培相对容易的蕨类，但在栽培中经常遇到叶片边缘出现焦边的问题。铁线蕨的原生环境通常是阴湿的石头缝或者潮湿的岩石表面，因此家庭养护铁线蕨的过程中，如果不把它放置在荫蔽的环境下，那么直射的阳光就会让其叶片的水分很快蒸发，干缩脱水，绿色会逐渐褪去，出现焦边现象。一旦出现这种情况就不会恢复原状了，所以补救的办法就是将盆栽的铁线蕨放置在半阴环境下，剪掉焦边的叶子，及时给叶片和地面喷水保持湿度，悉心养护，新叶会很快长出来。

肾蕨

202 花市中常常碰见的哪些蕨类植物是保护植物？

国家林草局、农业农村部2021年新修订发布的《国家重点保护野生植物名录》中有多种蕨类植物在国家保护范围内，其中有一些种类偶尔会在花市中有售卖，比如金毛狗蕨（国家二级）、观音座莲（国家二级）、鹿角蕨（国家二级）、桫椤（国家二级）等，这些蕨类特点明显，特别是金毛狗蕨，它起源于侏罗纪，是原始森林中"辈分"最高的植物"活化石"。金毛狗蕨为多年生树形蕨类，根状茎较为粗大，通常可以平卧或者斜生，根茎连同叶柄基部都会密被金黄色的长茸毛，很多商家利用这个特点进行修饰点缀，让其形似小狗一样，很是可爱，深受很多花卉猎奇者的喜爱，并在这几年迅速走红，所以，金毛狗蕨的价格也越来越高，促使一些商贩铤而走险、以身试法。

铁线蕨

很多人可能会问，列入国家二级保护植物名录意味着金毛狗蕨将受到什么样的保护呢？首先不管金毛狗蕨长在哪里都是禁止挖掘的；其次不允许在市场上进行交易。因此，那些将金毛狗蕨作为"网红商品"售卖的商家都触犯了国家法律。

203 栽培蕨类植物有哪些要点？

首先大多数蕨类植物都是耐阴植物，生长环境多为明亮的散射光条件，因此适合作为室内观叶植物。其次，蕨类植物虽然根据原产地分为耐寒、半耐寒、不耐寒3种类型，但其整体来讲都喜欢温暖环境，大多数蕨类植物在18～24℃条件下都能良好生长。第三，大多数蕨类植物喜欢较高的空气湿度。相对湿度60%～80%对其生长最为有利。

长叶肾蕨

当然也有一些耐旱的蕨类植物在条件干旱时，叶片会蜷缩，水分充足时会重新伸展并长新叶，如卷柏、石韦等。第四，土壤的质地、物理性能、酸碱度和肥力都不同程度地影响蕨类的生长发育。对土壤的基本要求是疏松、透水、透气性要好，且具有较强的保水保肥能力，酸碱度适宜，因此栽培蕨类植物用混合基质比较好。第五，蕨类植物在盆栽时需要少量的肥料，做到少量勤施。

204 过长的绿萝吊兰该如何利用？

绿萝吊兰

绿萝吊兰也叫黄金葛，家庭盆栽养护时会出现部分枝条生长过长的情况，影响美观，需进行适当的修剪。还可以把修剪下来的枝条先端插于玻璃瓶中进行水养，置于书桌、餐桌、窗台等处，既感受了蔓枝飘垂的意境美，又欣赏了根的姿态。其余的老茎可扦插繁殖，方法是将老茎剪成10～15 cm的插穗，保证每个插穗至少有3个叶芽，连同气生根一同埋入土中，室温保持在 25～30℃，两周后就可生根了。家庭还可将花盆中长长的枝条粘在门柱或窗台上，像爬墙虎一样，别具一格，极富新意。

很多人分不清生长在图腾柱上的绿萝和绿萝吊兰，以为是同一种植物，其实不然。二者虽同属天南星科，但绿萝是绿萝属，黄金葛是崖角藤属，两种叶形相似，但叶子的大小和颜色不同。绿萝叶大，有光泽，色深；黄金葛叶小，光泽度不强，两类都有花叶变种，即绿色叶片上镶有黄色或白色斑块或条纹。它们有一个共同点：喜欢半阴环境，但若长期光线阴暗，叶片中的叶绿素就增多，斑纹就会逐渐消失；若光线太强，叶面上的黄斑就会变白，叶片会变粗糙，失去其应有的欣赏价值。

盆架摆放

绿萝吊兰从容下垂

绿萝吊兰的花叶品种

市场上出售的绿萝吊兰

205 绿萝常见的品种有哪些？有大叶绿萝和小叶绿萝之分吗？

绿萝有叶片纯翠绿色的，我们称之为绿萝，叶片黄绿色相间的品种叫黄金葛，叶片白绿色相间的叫白金葛，另外还有一种叶片黄绿色的，叫金叶黄金葛。有很多人误以为中间有立柱的那种大型绿萝和悬垂的绿萝吊兰是两种植物，其实不是，绿萝的大叶和小叶并非两个品种，只是老株和幼株的区别而已。在环境条件比较优越的室外大树干上攀附的绿萝，叶片较大，室内栽培的绿萝吊兰叶片较小。

白金葛

绿萝吊兰

心叶蔓绿绒

206 迷迭香的叶子为什么会发黑、掉落？

迷迭香为唇形科小灌木，原产于欧洲地区和地中海沿岸，性喜温暖气候，较耐寒。很多花友都遇到迷迭香叶子发黑、掉落的情况，那是什么原因引起的呢？首先栽培基质应保证排水良好，基质水分过多或遇阴雨天气空气湿度过大，都会导致迷迭香叶片发黑掉落；其次，要适当进行疏枝，迷迭香分枝能力很强，枝条过密，通风不畅都会导致下部枝条生长不良，造成枯叶；此外，施肥过多也会导致叶片发黑、脱落甚至植株死亡，因此，应少量多次施缓释肥进行养护。

迷迭香植株

迷迭香叶

207 迷迭香适合家庭种植吗？需要注意哪些方面呢？

迷迭香叶片和花香味浓郁，不仅具有镇定安神的作用，还有一定的驱蚊效果，庭院或是室内都适宜种植。不管是地栽还是盆栽迷迭香，在养护中需要注意以下几点：首先要有充足的阳光，及时清理枯枝落叶，防治病虫害。其次要保证良好的通风环境，排水也要良好，否则易引起叶子干枯脱落；第三，迷迭香较耐旱不耐涝，浇水保证不干不浇，浇水浇透的原则。不宜过多，否则会导致叶片枯萎发黄，长期缺水也会引起叶片变得又细又薄，欣赏性降低，香味变淡。第四，种植迷迭香最重要的是注意温度，在冬季和夏季，温度不宜过高或过低。夏季温度不宜超过35℃，冬季不要低于-5℃。

迷迭香

迷迭香的花

208　菩提树开花吗?

菩提树开花。菩提树是桑科榕属植物,与我们常见的无花果属于同科同属植物,因此,菩提树的花和无花果的相似,都属于隐头花序。雄花和瘿花同生于榕果内壁,雄花少,生于近口部,无柄内卷,瘿花具柄。菩提树花序与无花果果实类似,但是较小,花期通常在3～4月,果期5～6月。

扩繁的菩提树苗

菩提树的叶片有很细长的尾尖

菩提树

繁育的菩提树小苗

209 菩提树适合家庭种植吗？需要注意哪些方面？

菩提树（*Ficus religiosa*）桑科榕属常绿或半落叶乔木，树高可达 15～25 m。"菩提"为梵语"bodhi"的音译，是"觉悟"的意思，指让人豁然开悟真理，从此超凡脱俗，这也是菩提树名字的由来。菩提树树干粗壮雄伟，树冠亭亭如盖，可作行道树，此外，菩提树独特的叶型，可作盆景观赏，我国广东现有微型菩提树盆景。菩提树性喜温暖多湿、阳光充足和通风良好的环境，气温 25℃以上时生长迅速，最低生长温度为 10℃左右，不耐霜冻，对土壤要求不严，在肥沃、疏松的微酸性沙壤土中生长良好。其主要栽培地区在北纬 25 度以南的西南、华南地区，在北方地区主要依托展览温室或者进行室内盆栽种植。室内盆栽种植需要保持室内通风良好，空气湿度 40%～50%，冬季温度不低于 5℃。

盆栽菩提树

210 驱蚊香草真的能驱蚊吗？适合室内养植吗？

驱蚊香草

驱蚊香草真的能驱蚊。驱蚊香草因其整株具有挥发性香气而受欢迎，挥发性物质主要由香叶草醇、香茅醇、芳樟醇等组成，而香茅醛本身就有驱蚊避虫的突出效果，驱蚊产品大多含有这种物质。驱蚊香草通过本身具有挥发性的特点使香茅醛物质的香分子随之散发，从而达到驱避蚊虫的作用。周围温度越高，驱蚊香草散发出的香味越浓，其附近的蚊子就会少一些。驱蚊香草散发的挥发性物质没有毒性，可以室内养植，但是对植物气味非常敏感的人群，建议放置于室内阳台通风处养植。

第三章 植物各论

驱蚊香草

驱蚊香草开花

211 驱蚊香草家庭养护中需要注意什么事项?

驱蚊香草为天竺葵属植物,喜欢肥沃,透气性良好的潮湿沙壤土。家庭养护中不要施用叶面肥,以免影响叶片化学物质的挥发,引起叶片肥害。夏季温度高于35℃时,驱蚊香草进入休眠阶段,此阶段应减少浇水,防止根部吸水减缓,因湿度过大,温度过高而造成烂根和茎腐病。当驱蚊香草出现黑斑和茎腐病时,可进行修剪,剪掉病枝病叶,剩余枝条可修剪进行扦插。

驱蚊香草开花

驱蚊香草

212 山麦冬是麦冬吗?

山麦冬(*Liriope spicata*)为百合科山麦冬属植物,俗名又称为土麦冬,麦冬;而麦冬(*Ophiopogon japonicus*)为百合科沿阶草属植物,因此山麦冬和麦冬是不同的植物。

173

虽然两者很相似，但山麦冬为子房上位花，花被裂片着生于子房底部，而麦冬为子房下位花，花被裂片着生于子房的近顶部。

金边阔叶山麦冬开花

金边阔叶山麦冬作地被效果好

213 水果兰是乔木还是灌木？水果兰怎样种才能生长茂盛？

水果兰露地栽植

水果兰叶片色彩特殊

水果兰（*Teucrium fruitcans*）又名灌丛石蚕，银石蚕。为唇形科香科属植物，为常绿的小灌木，不是乔木。2008年引自新西兰，其商品名"水果兰"源于其拉丁名"fruitcans"和其美丽的蓝灰色叶片颜色。水果兰植株高 50～90 cm，叶片呈淡淡的蓝灰色。花芽着生在叶腋处，花淡紫色，花期 4～5 月。水果兰原产于地中海地区及西班牙。喜光耐半阴、耐旱、耐贫瘠、稍耐寒，对土壤要求不高，排水良好、贫瘠的沙质壤土即能正常生长。其生长迅速，耐修剪，对环境有较强的适应性。水果兰种子量少，因此主要靠顶芽扦插繁殖，7～15 天即可生根，根系发达，成活率高达 90% 以上，繁殖系数高。它在关中地区露地栽植可以不用任何处理即可安全越夏，可以忍受 40℃高温，全光照或半阴条件下均生长良好，冬季地上部分不枯萎，常绿。盆栽水果兰在露地养护，冬季气温不能低于-10℃，否则根系容易受冻害导致死亡。

水果兰　　　　　　　　　　　　　水果兰的花

214　铜钱草叶子发黄是怎么回事？能够补救吗？

铜钱草的叶子就像缩小版的荷叶，寓意财源滚滚，受到许多花友的喜爱。铜钱草适应性强，很好养，只要有水就能活。但是很多花友也遇到铜钱草的叶子发黄的问题，不知道怎么补救。下面就来探讨下这个问题：

（1）先要看铜钱草是土培还是水培。土培铜钱草的土壤易板结，根系通气不畅或者浇水不足时均会出现叶片发黄的现象。需要疏松土壤，保证充足的水分。

（2）铜钱草喜光，长期处于阴暗处，叶片也会发黄。可以将铜钱草移至光线好的位置，能够避免叶片发黄。

铜钱草开花

（3）也可能是秋冬季节环境温度过低导致叶片发黄。可将温度提升至10℃以上就能缓解叶子发黄的问题。

（4）根系过长，盆中养分不足也会引起铜钱草叶片发黄。可进行合理施肥或者进行分盆缓解叶片发黄。

如果铜钱草叶片发黄非常严重，可将铜钱草的叶子齐根剪掉，保证水分和养分充足的情况下，放置于散射光下晒晒太阳，不久就可以长出新叶。

215 水培铜钱草可以放鱼吗？

铜钱草喜湿，很多花友进行水培养护，有的花友就在想，水里能不能养几条鱼，这样观赏性不是更好吗？理论上水里可以养鱼，但是还需要解决以下问题：首先是二者的相互协调问题，铜钱草根系生长旺盛，很快就会占据整个盆底，这样鱼生存的空间就会越来越小，此外，植物根系的生长会导致水中氧气的减少，鱼儿会缺氧而死。其次，水培铜钱草生长旺盛需要充足的养分，如果养鱼的话，水中就不能增加适当的营养液，这样铜钱草的生长就会受到影响，观赏性会降低。如果不能很好解决这些问题，那么水培铜钱草时不建议同时养鱼。

铜钱草盆栽

科普小链接

铜钱草（*Hydrocotyle vulgaris*）为伞形科草本植物。叶片形状像铜钱一样，具长柄，叶缘波状，绿色。植株具有蔓生性，株高5～15 cm，节上常生根，蔓延能力较强。夏季开白花，长在路边或者山坡边的草丛里。花期4月，果期7月。

216 如何让文竹在冬天依然秀色宜人？

文竹（*Asparagus setaceus*），枝叶平出，高低有序，形似羽毛的叶片翠绿轻盈，似薄云重叠，因此又名云松、云竹，是百合科多年生蔓性常绿草本植物。原产于南非，性喜温暖、湿润以及半阴的环境，适宜的生长温度为10～25℃，盆栽用土选择疏松而且排水良好的沙质壤土。文竹在西安的生长一般是夏花、秋果、冬熟。

文竹

文竹通常夏季茂密翠绿，但到了冬季就开始枯黄脱叶了，让人遗憾不已。那么文竹过冬该如何养护才能使其依然秀色宜人呢？掌握以下4点就可轻松做到：一是入室防寒。当室外温度降至10℃时，文竹就该挪进室内了。最好放置在向阳的窗台上，枝叶要与窗户的玻璃隔有一段距离，以免受冻使枝叶干黄，影响生长和观赏。二是水分适宜。文竹在栽培管理中，最关键的问题是水分的供给，浇水适当是养好文竹的前提。冬季室内空气很干燥，这是造成文竹枯叶干尖的主要原因。可在中午用与室温相近的水喷洒枝叶，一周一次，可保持其叶青翠。冬季盆土水分蒸发慢，浇水勿多，盆土表面发白时立即浇一次透水，保持盆土微潮即可，否则肉质根易腐烂，枝叶变黄甚至全株死亡。三是光照充足，文竹是喜阴植物，在散射光条件下生长良好。早春秋末阳光不强烈，可以将其放在室外接受日光照射，对其生长有利。冬季入室后可放在阳光照射多的地方，如南阳台内侧或南窗台处。四是施肥适量。文竹不宜施大肥，一般一个月施一次花肥即可，这样可以有效地控制蔓枝过早生出。室温低

矮文竹

于10℃时，盆栽文竹生长缓慢或生长停滞，这时应停止施肥。栽培文竹时，可以利用植物的"向光性"，经常转动花盆，使其发枝均匀丰满，养成文竹枝叶重叠而平生的美丽株型。

217 文竹会开花吗？开花后影响其生长吗？

文竹是常见的观叶植物，盆栽文竹在适宜的光照、温度、充足的养分和水分等条件下养护4～5年才会开花。花期为每年的9～10月，文竹花朵比较小，白色的小花只有中间的部分为绿色，花没有香气，开花后还会结果，果实初为绿色，成熟后为黑紫色。文竹开花会消耗一定的养分，因此，如果喜欢其花朵带来的观赏价值，则待开花后及时追肥，补充消耗的养分，使其尽快恢复到开花前的营养均衡状态；如果不喜欢文竹开花后的样子，也不想收获种子时，可直接将其花径剪掉，减少对养分的消耗。

文竹盛花期

218 如何矮化文竹？

文竹的茎具有攀援性，在家庭养护过程中如果任其生长，有时会长至数米，不方便打理。要想让普通文竹长得不太高，可以在管理中注意以下几点：经常修剪。要随时疏剪老枝、枯枝以及蔓生的枝条，保持其低矮的姿态。其次在生长旺盛季节不要施用过多的肥料，施肥量不要太大，1～2个月施用一次即可，遵循清淡的原则就行。除此之外，还可以尝试使用矮壮素等不同植物生长激素，按照适当的比例和频次进行叶面喷施。

文竹的花

文竹开花

219 为什么橡皮树叶片发黄，会掉叶子？

橡皮树落叶首先要区分是自然落叶还是管护不当的落叶。橡皮树在北方地区室内养植会有一段较为集中的落叶期，每年春季3月底至4月初为其自然落叶期，落叶的同时新叶长出，这种情况是自然生长状况，不需要担心。如果不在自然落叶期，橡皮树出现了叶片发黄现象，那么要考虑以下几种情况：首先橡皮树生长的容器是否合适，橡皮树生长迅速，如果长期不换盆会导致根系生长过密，土壤发生板结，通气性降低，养分减少而引起根系窒息，叶片发黄脱落，这种情况及时更换盆土和花盆即可。其次，如果冬季温度低于5℃，橡皮树叶片也会发黄脱落，这时应提高室温或者将橡皮树移至温暖的地方。再次，夏季施肥过多或者浇水过多也易引起黄叶和落叶，如果已经出现烂根就要及时换盆重新栽种，倒出盆土，修剪腐烂的根系，至根系有白色乳汁渗出，说明腐烂根茎已经清理完成，稍加晾干待乳汁收干，同时修剪上

橡皮树

部枝干减少养分消耗，移栽时保持土壤湿润，早晚向叶面喷水以保持一定湿度即可，放置阴凉通风处，1个月左右新根即可长出。

220 橡皮树长得太大了，要怎样修剪？

橡皮树生长快，长高之后美观性降低，并且还会占用空间，因此很多花友都想对它进行修剪，控制生长高度，那么怎样进行修剪呢？橡皮树修剪的原则为"冬剪枝，夏控侧"，即在冬季主要进行重剪，将直立的枝条从基部剪掉。在重剪前一定要确保植株处于生长健壮状态，重剪的时候确定理想高度，看看理想高度附近的芽点分布情况。比较强壮的枝条打头，使其萌发侧芽。夏季主要对侧枝进行修剪，抹去影响株型的侧芽，同时修剪过密的枝条。橡皮树修剪过后，需要对切口进行处理，可在切口处涂抹草木灰或者用蜡封一下，避免切口感染。

花叶橡皮树

橡皮树叶片革质光亮

221 常见的薰衣草有哪些种类？其提取的精油一样吗？

全世界薰衣草原种共有28种，主要分布在欧洲各地及地中海沿岸。其学名源自 lavare 一词，有"洗涤"的含义，可以治疗一些疾病，疗效很广。目前常见的薰衣草种类有以下几种：

（1）羽叶薰衣草（*Lavandula pinnatu*）：叶片灰绿色，蕨状羽叶，花紫色，通常为一两年生草本植物，耐热。

（2）齿叶薰衣草（*Lavandula dentata*）：味道芳香，既可观赏又可泡花茶。

（3）狭叶薰衣草（*Lavandula angustifolia*）：也叫英国薰衣草，常用来做香草茶，也是制造薰衣草精油的最佳原料。

（4）宽叶薰衣草（*Lavandula latifolia*）：也可以提炼精油，功效有别。

（5）法国薰衣草（*Lavandula stoechas*）：通常用来家庭园艺观赏或者烹饪用。

薰衣草

222 薰衣草的习性如何，种植过程中要注意什么？

薰衣草的叶、花、茎均含有油腺，全株具有芳香味，可以提炼精油，也可以庭院栽培或者盆栽观赏。它喜欢阳光，半耐热性，北方干燥炙热的夏季应该适当遮阴，浇水做到干透浇透，否则太潮湿的环境会导致植株死亡，这也是很多人栽培薰衣草总是失败的原因。因为薰衣草属于半灌木，丛生，茎直立，修剪的时候尽量不要对木质化部分过重修剪，以免生长衰弱。繁殖过程通常用扦插繁殖，用 5 cm 的顶芽作为插穗即可。

薰衣草

223　鸭脚木怎样控制株高？剪重了还会发新芽吗？

不同株龄的鸭脚木控制株高的方法不同。鸭脚木幼苗控制株高主要通过管护过程中的摘心、打顶和日常修剪进行株高控制，通常鸭脚木幼苗长至 30 cm 左右或者理想高度时可对其进行摘心或者打顶，促进侧枝的萌发，当侧枝萌发至一定长度时，再次进行摘心，留侧芽 2～3 个，使株型紧密，生长阶段增加一定的光照，避免枝条徒长。老株鸭脚木一般在生长季节即春、夏、秋季进行修剪。如果鸭脚木生长年限比较长，底部叶片稀疏，可对鸭脚木进行回缩修剪，进行重剪后及时补充氮肥，增加营养，促进新梢萌发。若枝条剪重了，适当地补充肥料，严格控制浇水，做到不干不浇，经常叶面喷水，保持湿润，置于通风良好的环境，植株会慢慢自我修复，等长出新叶后，正常管理即可。

鸭脚木

鸭脚木耐半阴

224　鸭脚木怎样养护繁殖？

鸭脚木养护比较容易，生长适宜温度在 15～25℃，喜半阴环境，一般室内通风良好即可。鸭脚木繁殖主要靠扦插繁殖和分株繁殖。扦插繁殖一般与修剪植株同时进行。选取长势较好的枝条，一般选取 3～4 个节间剪成 15 cm 左右的长插穗，插穗顶端留 1～2 片叶子，插入浸湿的基质中，放置荫蔽环境中，1 个月左右即可生根，待根生长健壮，有新叶长出后可移植或换盆；分株繁殖一般是在鸭掌木靠近主干的地方有芽长出新根，这时就可将带芽带根植株直接切割，进行移盆。

斑叶鸭脚木

鸭脚木室内造景

225 一品红像花一样的红色究竟是什么？

一品红是冬季和春季重要的盆花和切花材料，其最靓丽的部位就是植株顶部一层艳丽的红色，很多人以为那就是它的花，其实不然。我们欣赏到的红色的美如花朵的是一品红的苞片，真正的花为正中间的小黄花。一品红的苞片通常在圣诞节前后变红，因此在国外它还有一个名字叫"圣诞花"。苞片变色后持续的时间比较长，可达4个多月，而且在南方温暖地区可以露地栽培，用于园林绿地布置花坛等。在一品红的栽培品种中，苞片的颜色有红、粉、白及复色等好几种。

一品红

226 一品红的生长习性是怎样的？

一品红喜欢温暖湿润的气候，不耐寒、怕霜冻、不耐旱和涝。最低温度不能低于5℃，适宜生长温度为18～29℃，12℃以下35℃以上则生长缓慢甚至停止生长。喜欢充足的光照，对土壤湿度有要求，土壤过干或者过湿都会引起大量落叶，甚至成为仅留红色苞片的光干。在夏季强光时需要适当遮阴，否则叶片容易卷曲发黄或者基部叶片脱落。另外,一品红是短日照植物,一般在日照10个小时左右,温度高于18℃的条件下就可以开花,因此,如果家庭养护时让它提早变色开花,可以进行遮光处理,减少日照时数即可。

一品红

227 室内养植一品红应如何防虫?

一品红的虫害主要有粉虱、叶螨、蓟马等。粉虱的成虫和幼虫喜茂密遮阴的环境,虫体排出的蜜露会引起灰霉病。叶螨又名红蜘蛛,在温度较高,空气湿度低,土壤干旱的情况下易发生。蓟马危害植物叶片使叶脉两边出现白色斑纹,影响观赏效果。了解害虫发生原因才能更好的防治,室内养植一品红害虫防治可以从以下几方面进行:首先,盆栽一品红前,对土壤基质进行消毒杀菌处理,清除土壤中害虫虫卵;其次,将一品红放置在室内光照良好、通风环境下,保证空气湿润,这样能大大减少害虫的滋生。如果已经有害虫滋生,应及时清除病虫枝,减少病虫害源,同时由于粉虱、蓟马等具有趋黄性,可以悬挂黄色粘板,及时清除成虫。害虫严重时可适当进行药剂喷施处理,喷施药剂时最好在室外进行,喷施1小时后再移入室内,同时放置在通风和孩子不易碰触的地方。常用药剂处理为65%代森锰锌800倍液或者1%波尔多液。

苞片正在变红

228　一品红有毒吗？适合家庭养植吗？

一品红的白色乳汁里含有大量的生物碱，接触到皮肤会引起红肿、发热，严重的可引起丘疹等过敏现象。因此，我们在养护修剪时，尽量不要使乳汁接触到皮肤，如果不小心碰到，及时清洗干净即可。喜欢一品红的花友是可以将它放在室内养护的，如果家中有小孩应尽量放置在孩子不易碰触的地方。

229　一品红最主要的繁殖方法是什么，操作时要注意什么？

扦插繁殖是一品红的主要繁殖方式，也是家庭盆栽的主要繁殖方式。扦插繁殖一般通过花后修剪枝条后取得，插穗一般以6～8 cm且带顶芽、强壮健康的为佳。一品红扦插要注意以下几点：① 环境要清洁卫生，以免引起病虫害的发生。② 扦插基质选用草炭和蛭石的混合基质。③ 扦插时温度在20～25℃时为宜，也就是说选择在3～5月或者9月扦插即可。④ 扦插后保持苗床的温度和湿度，同时注意不要让阳光暴晒，用遮阳网进行遮阴处理。高温、通风不畅且光线较弱的环境容易滋生微生物，引发病害。一般扦插20～30天后即可生根。

中间是真正的花

230　一品红落叶、落花、落蕾的原因有哪些？

家庭养护一品红会经常碰到下部叶片发黄或者红色的苞片脱落等现象，主要原因有以下几点，大家可以对照自己的养护环境采取一定的措施进行补救。① 盆土过干导致根系干缩受损，造成下部叶片先行脱落。② 盆土过湿甚至积水导致根系腐烂，致使叶片脱落。③ 如果叶片先焦边，然后再行脱落，则主要是因为空气湿度太低导致。④ 环境温度太低导致叶片发黄脱落。一般一品红要求温度不低于13～16℃。另外10

月中下旬后的冷空气吹袭也会造成一品红落叶现象。⑤一品红喜光,因此光线太弱也会导致一品红叶片发黄脱落。

科普小链接

> 一品红(*Euphorbia pulcherrima*)为大戟科大戟属的直立灌木。最早在墨西哥栽培,因其花朵色彩鲜红,所以被当地印第安人视为纯洁的象征,红色的苞片被当成染剂,一品红流出的白色乳汁也常被当作解热剂。现在世界许多地区都把一品红作为圣诞节的应节花卉。

231　玉簪喜欢大肥大水吗?

玉簪是常见的传统观叶观花植物,园艺学家已经培育了很多叶色多样的园艺品种,很受百姓喜欢。玉簪对肥料的要求不高,生长期每15天施用一次稀薄的液肥即可。在春季萌发时和开花前可以给予氮肥供给,同时施用一次磷酸二氢钾稀释液就可以做到叶绿花繁。

玉簪喜欢阴湿的环境,生长季节要保持栽培基质湿润,同时

花如其名

喷水增加空气湿度。如果是庭院人工浇水而非雨水,则要注意经常疏松土壤,以利于生长。进入休眠期,要控制浇水,保持栽培基质偏干为宜。

232　如何预防玉簪的叶片枯黄?

首先,玉簪应该种植在没有阳光直射的荫蔽的环境下,夏季高温更不能放在强光下照射。其次,种植基质选择在疏松肥沃、排水良好的土质,否则容易积水造成根系腐烂,叶片会发黄。最后,夏季高温要及时浇水,空气干燥时要适时喷水;施肥时尽量不要喷在叶片上,如果有液肥沾在叶片上,用水喷洒除去。

玉簪

玉簪开花

花叶玉簪早春展叶

玉簪早春萌出

紫萼开花

玉簪的果实

233 玉簪通常有哪些病虫害？

玉簪的病虫害较少，通常病害有叶枯病和锈病，虫害有蛞蝓和蜗牛。叶枯病是指叶片表面产生的圆形或者椭圆形病斑，可用75%百菌清1000倍液或者50%代森锰锌1000倍液喷施。锈病可喷洒160倍等量式波尔多液进行防治。蛞蝓和蜗牛主要是在土壤潮湿以及通风不良时容易为害。可以在玉簪周围或者花盆下面撒石灰粉或撒施8%的灭蜗灵剂。

玉簪的园艺种

234 叶子花家庭养植如何繁殖？

叶子花又名九重葛、三叶梅、宝巾、簕杜鹃、三角花、三角梅、叶子梅等，紫茉莉科叶子花属常绿攀援状灌木。原产于南美洲的巴西，大约在19世纪30年代才传到欧洲栽培，现在我国各地均有栽培。

扦插繁殖：叶子花常用扦插繁殖，以4～6月为宜。将两年生成熟的木质化枝条剪成20 cm长的插穗，留两枚叶，插入培养土中，用塑料膜覆盖花盆或扦插床，保持湿润。温度在20～25℃，30天左右即可生根，2～3个月可上盆，第二年就能开花。

压条繁殖：6～7月在离枝顶15～20 cm处进行环状剥皮，宽1 cm，包上腐叶土并用塑料薄膜包扎，约两个月愈合生根。此法简单，成活率高，后期移植方便，好管理，不影响原株的生长，所以常被家庭养花者所采用。

叶子花在园林中造景

叶子花花叶　　　　　　　　　　　　叶子花花海

嫁接：可将多个品种嫁接在一株上，形成一树多花现象。南方可在 2 月中旬到 5 月初或 8 月中下旬到 10 月中旬进行，此时的温度和湿度比较适宜叶子花接口产生愈伤组织，成活率高。砧木选用小紫叶、大紫叶、黄花和红花等生长快的品种，可采用劈接、切接。

235 叶子花为什么不开花？

不合理地施肥、疏于修剪或不适宜的光照、温度都会造成叶子花不开花现象。

温度：叶子花喜温暖湿润气候，不耐寒，生长适温为 15～30℃。冬季应保持不低于 5℃的环境温度，长期处于 5℃以下易受冻落叶，15℃以上方可开花。夏季温度超过 35℃时，应适当遮阴或采取喷水、通风等措施。为延长花期，应在冬初寒流到来前及时搬入室内，置于阳光充足处，维持较高的环境温度，可在元旦、春节期间持续开花。冬季室温过高会破坏休眠节奏，过早抽生枝叶而不开花。

水分：叶子花浇水遵循"不干不浇，浇则要透"的原则。但要使叶子花开花整齐、多花，开花前必须进行控水。从 9 月份开始对叶子花控水，每次浇水要等到盆土干燥、枝叶软垂后方可进行，如此反复连续半个月时间，半个月后恢复正常浇水。控水期间切忌施肥，以免肥料烧伤根系。约 1 个月后，叶子花即可显蕾开花，而且开花整齐、繁盛。定期松土，同时清除盆土杂草，以利于叶子花生长。否则盆土板结、积水，容易造成叶子花根系腐烂或生长不良。

光照：叶子花是一种阳性植物，生长季节光线不足会导致植株长势衰弱，影响孕蕾及开花。必须把叶子花摆放在光线充足、通风良好的位置，冬季摆放于南向窗前，且光照时间不能少于 8 小时，否则易出现大量落叶。叶子花属短日照花卉，若长期处于长日照条件下，花芽也不能正常分化，影响开花。每天光照时间控制在 9 小时左右，

叶子花不同品种

可在一个半月后现蕾开花。

　　整形修剪：叶子花生长迅速、发枝率高，如果任其生长，可达 10 m 长。如不及时修剪会造成枝条徒长，消耗大量养分，不仅破坏树形，且影响花芽分化。因而需根据不同栽培模式及时修剪整形。新栽小苗长出 5～6 片叶时即可摘去顶芽，保留 3～4 片叶。新抽枝条长出 5～6 片叶时，再次摘心，这样反复几次，便可形成丰满的树冠。已开花的大植株，一年进行两次修剪，第一次结合早春换盆从基部剪去过密枝、纤细枝、病虫枝，同时缩剪徒长枝，对保留的枝条也要进行短截。第二次在花谢后酌情疏枝，剪去枯枝、弱枝、内膛枝，保留的枝条在 30 cm 处截去顶梢，同时将所有的侧枝剪短，促使多发新枝，形成更多的花芽。生长衰弱的大龄老株，可进行重剪，即每个大枝仅保留基部的 2～3 个芽，促使植株更新复壮。

236 盆栽叶子花冬季该如何管护？

叶子花喜欢温暖、湿润气候和阳光充足的环境。不耐寒，耐旱。因此，冬季如果盆栽叶子花是在室外就需要把它移进室内，放置在光照充足的地方。冬季，温度低于 10℃ 叶子花进入休眠期，这时要停止浇水，防止根部温度过低产生冻害；室温高于 15℃ 浇水遵循见干见湿原则，由于叶子花耐旱，可适当减少浇水次数，浇水时可适当增加少量肥料，切忌浓肥，休眠期浓肥易造成肥伤。冬季叶子花忌重剪，重剪后叶子变少，影响光合作用，根系运输的有机物也会减少，根系养分缺乏，叶子花生长缓慢，影响来年生长开花。冬季叶子花修剪时只需要对枯枝和残花及花下 1～2 对叶子轻剪即可。

重瓣叶子花

237 为什么风一吹，叶子花花瓣就脱落了？

很多花友说风一吹或者轻轻一碰，叶子花花瓣就掉了，叶子也会脱落。叶子花的花瓣和叶子一碰就掉和平时的管护有很大关系，首先，浇水过多或长时间不浇水都会引起落叶。浇水太多会引起根系缺氧，产生烂根叶片容易脱落。长期不浇水，尤其是在温度过高的环境下，由于干旱植物会产生自我保护，就会落叶。因此，平时养护中一定要合理浇水，生长期及时给水，见干见湿。其次，叶子花喜欢光照，对光照的需求很大，如果长期养在过于阴暗，光线不好的环境就会导致枝条瘦弱，叶子掉落。因此平时养护时一定要将叶子花放置在阳光充足的环境中。最后，施肥过多也会影响其落叶，平时养护中要薄肥多施，才能够保证叶子花健康生长。

238 如何让叶子花在国庆节期间开放？

叶子花为短日照花卉。若想提前到国庆节开花，8月初前后对盆栽叶子花进行避光处理，每天从下午17点至第二天上午8点完全不见光，这样保持50天。每天喷水降温，每周增施磷、钾液肥，国庆节期间就会开花。

239 竹芋属有很多种，最常见的有几种？

竹芋科有30属400种以上，我国有2属6种。其中竹芋属和肖竹芋属很相似，主要区别是：竹芋属为圆锥花序或总状花序，顶生，苞片排列稀疏，子房3室或1室；肖竹芋属为头状或球果状花序，自叶鞘或单独由根茎生出，苞片排列紧密，子房3室。花市上最常见的有斑叶竹芋（*Maranta arundinacea* var. *variegata*）、花叶竹芋（*Maranta bicolor*）、青苹果竹芋（*Goeppertia orbifolia*）、孔雀竹芋（*Goeppertia makoyana*）、玫瑰竹芋（*Goeppertia roseopicta*）、美丽肖竹芋（*Calathea veitchiana*）、箭羽竹芋（*Goeppertia insignis*）。

彩虹肖竹芋

箭羽竹芋

金花竹芋

可爱紫竹芋

孔雀竹芋

玫瑰竹芋

| 七彩竹芋 | 青苹果竹芋 | 天鹅绒竹芋 |
| 银羽竹芋 | 栉花芋 | 紫背竹芋 |

240 竹芋类的观叶植物在居室如何养护？

  竹芋类原产于美洲热带地区，部分产于非洲及澳大利亚，现广布于各热带地区。其枝叶茂密，株形丰满，叶片翠绿，不同的品种其叶片的花纹各不相同，在北方是典型的室内喜阴观叶植物，养护得当，可四季观赏，显得安静而又庄重，雅致清丽。但是竹芋类在养护过程中最大的问题是容易焦边，下面先了解一下它们的习性：竹芋喜欢高温、湿润及较阴暗的热带雨林环境，不耐寒，最适宜的温度为18～30℃，最怕直射光，北方地区室内应在春、夏、秋遮去60%的光线，冬季在室内也要遮去20%～30%的光，即使短期的阳光直晒也会造成伤害（焦边、干叶）。由于北方气候干燥，冬季室内更甚，温湿度均低，时间长了叶面就会干萎，因此养护中要尽量创造竹芋适宜的生长环境，如向其周围或叶面洒水，改善其生长状况。若室内长期干燥，一般半年后生长势就会下降，逐渐失去观赏价值。

三、观果植物

241　阳台上能盆栽草莓吗？

草莓是蔷薇科植物，喜光，但又有较强的耐阴性。光强时植株矮壮、果小、色深、品质好；中等光照果大、色淡、含糖低，采收期较长；光照过弱不利于草莓生长。草莓根系浅而发达，培养土用中性、富含腐殖质的沙质壤土为宜。草莓花一般两性，外面黄色的是雄蕊，里面是雌蕊。盆栽草莓一般在秋季上盆栽植，不用重剪，春季萌芽前开始追肥，做到薄肥勤施、小水勤浇，保持土壤湿润即可。满足上面的条件在阳台上种植没有问题。

草莓开花

242　草莓在入秋后长出很多匍匐茎该怎么办？

草莓果

草莓入秋后会长出很多茎叶，像吊兰一样长出小吊兰，这种茎叶在植物学上叫"匍匐茎"。匍匐茎是许多植物繁衍后代的一种方法，可以把它直接压到土壤里，让它长成单独的植株。或者等小幼苗长大一些，直接剪下来，重新栽植在盆中，并维持温湿的环境，这样家庭盆栽的草莓可以越来越多。草莓的寿命其实不长，老化后的草莓植株生长开花结果的能力就差了,必须用新的幼苗来繁殖更新,所以,新长出来的幼苗保存下来可以持续种植。

243 如何选购盆栽的金橘?

满盆的挂果金橘在春节期间经常用来装点居室,那么购买时需要注意什么?首先要识别是否是嫁接苗,一般嫁接苗比实生苗生长快,挂果多;第二,可以选择年龄较小的盆栽金橘,年龄小,生命力强,越有利今后再培植、再挂果;第三,要选择枝条分布匀称且充实坚硬的,同时叶片青翠有光泽,说明植株健壮无病虫害;第四,如果已经挂果了,那就选果多、个大、分布均匀的。果实用手捏能感觉到胀实感,且皮不软、不皱、皮肉不分离,这样观果期会长一些。

244 北方盆栽金橘怎么养护才能挂果?

金橘属于芸香科植物,喜欢偏酸性的土壤,所以北方家庭在日常养护过程中,一定要考虑土壤酸碱性的问题。通常每周可以追施一次磷酸二氢钾或者结合施肥浇灌

金橘寓意吉祥如意

金橘

200～250倍的食醋溶液，有利于叶色浓绿、生长茂盛。其次，开花时期，尽量不要雨淋或者浇水时不要向开放的花上喷水，否则不利于授粉，也容易引起烂花。第三，金橘喜欢温暖湿润、阳光充足的环境，居室放置一定要有充足的阳光，比如放置于南阳台等，否则植株长势弱，影响花芽分化和结果。第四，金橘一年可以抽梢多次，每次都可形成花芽，可以在春梢长到5～6片叶子时进行摘心，促进多分支，多开花、多结果。第五，盆栽金橘由于受到有限基质营养的限制，因此要适当疏花、疏果，保证每一个果实生长健康。一般每枝上留2～8个花蕾，留果1～2个。第六，开花和坐果的时候浇水量不宜太大，盆中也不能积水，以免落果。

245 如何让盆栽金橘多结果？

金橘是家庭花草中最常见的观果植物，怎么能让金橘花多果多呢？要注意以下几点：首先要注意了解金橘的生长习性，金橘喜欢阳光充足、温暖湿润的气候，因此家庭养护时要将其放在阳光充足的地方，夏季炎热时挪到略有遮阴的地方。盆土适度湿润，忌积水。其次，冬季生长温度不宜太高，如果室温太高，植株得不到充分的休眠，第二年生长就会衰弱，容易落花、落蕾。第三，修剪是金橘花繁果硕的一项重要技术措施。每年树液开始流动之前，也就是在春芽尚未萌发的时候进行一次重修剪，剪去枯枝、病虫枝、过密枝以及徒长枝，保留3～4个头年生的分布均匀的健壮枝条，每个枝条只留基部2～3个芽，其他的可以剪掉，这样就可以萌发十余枝充实的春梢。第四，新梢长到15～20 cm的时候进行摘心，让株型丰满，

金橘是传统的年宵花卉

此时也要施用磷钾肥,促进花芽分化。等到开花后要适当疏花,以节省养分。等到果实长到1 cm大小时,还可以根据情况进行疏果,保证全株果实分布均匀。第五,金橘喜肥,施肥种类及施肥时机的选择也很重要。新芽萌发到开花前可以每隔10天施用一次稀薄有机肥,进入夏季多施用磷肥,结果初期暂停施肥,等到果实长到1 cm时,再每10天一次施用液肥一直到9月底。

246 柑橘属的植物种类很多,为什么有一种叫代代?它的生长习性如何?

代代亦名代代花、玳玳、回春橙,为芸香科柑橘属常绿灌木。其叶片椭圆形至卵状椭圆形,革质互生。总状花序,白色,浓香,一朵或几朵簇生枝端叶腋,1年开花多次,春花最旺,5~6月开花,花期1个月左右。果实橙黄色,扁圆形,表面有瘤状突起,皮厚粗糙,初期深绿色,秋季变为黄色,果熟不脱落,来年春夏又变回青绿色,如养护得当老果可宿存到第3年至第4年,而新果连年生出,数代果实同株,故名代代,象征吉祥幸福。

代代原产于我国江南各省,以浙江为最多,在花卉园艺中主要供盆栽观赏,南北各地均有栽培。性喜温和湿润气候与柔和充足的阳光。冬怕严寒风干,夏忌酷暑烈日,有一定的耐寒力,在长江流域可露地越冬,但遇寒冷的年份需加以保护。繁殖主要是扦插和嫁接。代代春夏之交开花,花色洁白如琼,瓣质浑厚如玉,香浓扑鼻。花后结出橙黄色果实,压满树枝,是庭院中珍贵的芳香观果树,也是室内优美的观果花盆栽花卉。代代花还可熏茶,果实可入药。

代代果

247 杨梅有较高的营养价值，庭院或家庭种植为什么会不结果？

杨梅属于杨梅科杨梅属小乔木或者灌木，在我国华东和湖南、广东、广西、贵州等地区均有分布。其枝繁叶茂，初夏还有红果累累，十分可爱，是园林绿化结合生产的优良树种。为什么有人在庭院或者盆栽种植后不结果呢？有以下几个原因可供花友参考：① 杨梅有可能没有到结果的年龄。因为杨梅树需要经历4～5年的生长才会结果。正常情况下，经过嫁接的杨梅树也需要4～5年才能开花结果。② 有可能是附近没有可以授粉的雄树或者种植的是雄树。杨梅为雌雄异株，一般需要昆虫或者是人工授粉的方式才能挂果，生产上差不多百棵杨梅就得种几棵雄树。如果种植杨梅树过少，正好遇到杨梅树都是雌的，而附近也没有雄树，这样就会导致不能授粉，自然也不会结果。③ 杨梅喜欢充足的光照，如果种在阴凉的地方，光照不充足，杨梅生长受到影响，也会导致不结果。

248 无花果能盆栽观赏吗？怎么能让无花果枝短果密？

无花果

盆栽无花果最佳的观赏效果是枝短、果密。怎么才能达到这样的要求呢？首先要留矮小的主干，高度以30 cm左右为宜。主干上选留主枝3～5个，每个主枝上再选留侧枝2～3个，这样全株可以留枝10个左右，同时使枝条分布均匀，并修剪成圆头形，尽量让枝条横展，构成较为优美的树冠。其次，每年在树液流动之前即3月上中旬在一年生枝条基部10 cm左右处截顶，剪去细弱枝、病枯枝、过密枝、徒长枝和交叉枝。第三，注意病虫害防治。无花果会有炭疽病和天牛及蚧壳虫危害，应及时发现及时防治。

249 珊瑚豆怎么栽种和养护能做到满盆红珠？

珊瑚豆是茄科茄属多年生亚灌木，它的果实从不成熟到成熟的过程中，我们可以看到绿色、黄色、橙色、红色等色彩斑斓的果子同时挂在枝头，一直到满盆红珠，经冬不落。珊瑚豆喜欢温暖向阳、土壤肥沃、排水良好的环境。在管理过程中要注意以下几点：① 施肥：生长期不要施用太多氮肥，以免枝叶徒长。要让其花多果盛，可施用骨粉、鱼粉等磷肥1～2次，花期在叶面喷施0.2%的磷酸二氢钾可使叶绿果肥。② 气温下降到零下10℃时，珊瑚豆会受冻，因此入冬后要把盆栽珊瑚豆搬入室内。冬季少浇水，翌年开春换盆养护。③ 到了夏季要注意珊瑚豆容易发生炭疽病，可以喷施甲基托布津1000倍液，每隔10天喷施一次，可以有较好的效果。另外，珊瑚豆可以适当修剪整形。

珊瑚豆　　　　　　　　　　　　　　　　珊瑚豆的果实五颜六色

珊瑚豆的花　　　　　　　　　　　　　　珊瑚豆的叶色深绿

250 家庭阳台盆栽石榴选择什么品种好？

石榴是落叶灌木或者小乔木，喜欢温暖湿润的气候，同时也耐寒耐旱。一般石榴栽培较为容易，寿命都很长。有供观赏的花石榴，也有供食用的果石榴，还有较为矮小的火石榴，也叫小石榴、月季石榴。通常火石榴5～9月开花不断，小枝密而多，花色有红、粉红、白色等。花瓣也有单瓣和半重瓣之分。花小果小叶片也小，果实通常不摘不落，可以挂果到翌年清明。所以，火石榴夏季赏花、冬季观果，植株姿态轻盈矮小，非常适合阳台盆栽。

花石榴 　　　　　　　　　石榴

石榴花 　　　　石榴花 　　　　石榴籽

251　怎样盆栽朱砂根?

朱砂根是紫金牛科常绿灌木，其鲜红的果实、浓绿革质的叶片以及耐阴的特性让它成为优秀的室内观果花卉。朱砂根的花白色稍带点粉色，夏季开花，花序腋生，10～12月份果实成熟，就像"绿伞遮金珠"一派富贵吉祥的景象，所以商家又把它称为"富贵籽"。因其耐阴，所以放在室内或者室外阴棚下养护最好，当新梢长到8 cm以上时就可以摘心促进分枝了。夏季和秋季生长较快，水分要足，通风要好，增加湿度。也就是在4～10月这一时期每隔20天左右施用一次复合肥，开花的时候停止施用氮肥。当冬季果实转为红色时，浇水量要减少，不要再施肥，并注意越冬温度要保持在5℃以

上。如果种植时注意以上几点,那一定会花繁叶茂。

朱砂根组合盆栽

红色的果实很喜庆

盆栽朱砂根

朱砂根的果实

朱砂根也是年宵花卉之一

四、多肉植物

252 如何让吊金钱"枝繁叶茂"?

吊金钱为萝藦科吊灯花属多肉植物,因其生长时藤蔓会垂吊下来加上独特的外形,就像古人用绳串吊的铜钱,所以得名"吊金钱",又因其心形叶对生,也称之为"心心相印"和"爱之蔓"。想要吊金钱"枝繁叶茂"就必须了解它的生长习性。吊金钱喜温暖、散射光的环境,不喜强光,比较耐旱,对水肥需求不大,怕寒冷。因此,种植养护时首先要选用

盆栽吊金钱长势喜人

透气性良好的栽培器皿和土壤,可用腐叶土、园土、珍珠岩等配比。吊金钱最佳生长温度为15～25℃,夏季能耐35℃高温,冬季低于8℃就会落叶,因此要想保证枝繁叶茂,冬季一定要注意保温。春、夏季是吊金钱的生长旺季,盆土见干见湿,夏季洒水降温,冬季防寒控水。切记土壤过湿会烂根。吊金钱不喜肥,特别忌施高磷钾肥,每年施1～2次花肥即可。吊金钱喜散射光,怕强光暴晒,春秋生长期早晚晒一晒太阳,可促进植株生长健壮、整体美观;夏季炎热时置于通风阴凉散射光的位置,可喷水降温。

吊金钱又叫"爱之蔓"

花叶吊金钱

253 吊金钱上为什么长了许多小疙瘩？

吊金钱叶腋处会长出块状肉质的小疙瘩，有人称之为"土豆根"，其实它是吊金钱的块茎。"小疙瘩"的形成是需要一定的时间的，只有当吊金钱养分充足时，其叶腋处才会长出块茎，而且这种块茎能够贮藏养分，可以应对不同气候的变化，比如夏季吊金钱进入休眠，水分供应不足时，其块茎贮藏的养分和水分可以作为储备供应给吊金钱生长，此外，冬季严寒时也可以将所需的养分和水分贮藏在块茎中，避免叶片含水量过高产生冻害。块茎还有一个重要的作用就是它能够作为繁殖体进行繁殖，夏秋两季，当吊金钱块茎长到一定大小时可以剪下来晾干伤口，埋在土壤里进行繁殖。

吊金钱飘然而下

吊金钱悬垂生长

对生的叶片

254 如何存留金边虎皮兰的"金边"？

虎皮兰（*Sansevieria trifasciata* Prain）又叫虎尾兰、千岁兰、老虎尾等，其叶形如剑状，四季常青，叶面有灰白和深绿相间的虎尾状横带斑纹，姿态刚毅，同时又能强有力地吸收甲醛等有毒气体。据美国宇航局的科学家们研究发现，金边虎皮兰在吸收二氧化碳的同时能释放出氧气，使室内空气中的负离子浓度增加。因此金边虎皮兰是净化居室空气的首选植物，盆栽非常受欢迎。

虎皮兰有很多品种，株形和叶色变化较大，但最常见的是虎皮兰（叶片绿色）和金边虎皮兰（叶缘为黄色）。另外，还有短叶虎皮兰（叶片仅有 10 cm 长）、金边短叶虎皮兰（叶长 10 cm，叶缘有黄色宽边）、银纹虎皮兰、白斑虎皮兰、黄斑虎皮兰等，

金边短叶虎皮兰

观赏价值都很高。因养护简单,价格便宜,花上几元钱买上几株栽于紫砂筒盆中,既显古雅,又不失刚劲,布置书房或卧室很有韵味。

但怎样繁殖才能保留住金边虎皮兰的"金边"呢?很多花友用常规的叶插法,也就是将叶片剪成长条一截一截地插入土中来繁殖,但往往以失败告终,因为新生植株的"金边"全都不见了,金边虎皮兰全部变成了绿叶的虎皮兰。这该怎么办呢?原来金边虎皮兰最常规的繁殖方法是分株法,只有这样"金边"才能保留,但这样繁殖数量又受到限制。下面给大家介绍一种简单的叶片扦插法,它能很好地保留美丽的"金边",也不会影响原盆金边虎皮兰的观赏效果。先把成龄的植株从盆中磕出,抖掉盆土以及外围的弱叶和小叶,顺着根茎基部掰下一叶片,注意一定要带上叶鞘及一些根茎部位,这也是不同于一般叶插繁殖的地方(普通的虎皮兰叶插可以用叶片的任何一段)。再将原株去掉叶片的根茎部位用木炭或炉灰涂抹好,重新栽盆。将掰下的叶片上部分剪掉,保留 20 cm 左右,将叶鞘朝下,插入装有营养土的花盆中。4～6 月的气温条件下,2 个月就能长出好几个有"金边"的新芽,且清晰可见。

金边矮生虎皮兰

金边虎皮兰

255 虎皮兰可以水培吗?如何操作?

虎皮兰属于多肉植物,有很多人认为水培容易烂叶或者烂根,其实不然。虎尾兰水培效果很好,特别是金边虎皮兰,在水中依然能长出有黄边的萌蘖芽。具体操作时注意以下几点即可。首先将虎皮兰洗根后放在盛有清水的容器里,水位以刚浸没过根系为宜。其次水培刚开始换水要勤一些,3~5天换1次水,如果是夏季高温天气,1~2天换1次水。当新根产生后,10~15天换1次水即可。最后要注意调控室温,因为虎皮兰不耐寒,所以室温要保持在10℃以上为宜。

虎皮兰的花

虎皮兰的花序

256 虎刺梅不开花怎么办?

虎刺梅是一种可以全年开花的植物,耐高温不耐寒,温度低于10℃进入半休眠状态,因此想让虎刺梅开花,养护的温度最好在20℃以上。其次,虎刺梅喜欢充足的阳光,在花期也需要足够的阳光,只有阳光充足时,虎刺梅的花才会开得更鲜艳,花期也更持久,如果缺少光照,虎刺梅的花色会变淡,严重时就不开花了。在虎刺梅的生长期间,保持基质湿润,每隔半个月左右增施一次稀薄肥液,施肥过多,虎刺梅只会徒长枝叶而不开花,显蕾后减少大水浇灌,增施磷钾肥以保证花期养分充足,这样花才能开得持久。花期后及时清理枯枝、弱枝,能有效节约花期营养,

虎刺梅花叶俱美

从而使虎刺梅开花时间更久。

虎刺梅的花

257　虎刺梅叶子发黄怎么办？

虎刺梅叶子发黄的原因如下：① 温度过低，虎刺梅进入休眠期。虎刺梅在低于10℃温度条件下进入半休眠状态，这时候叶子就会发黄掉落，这种情况一般不用担心，只要将虎刺梅移入室内温暖环境下，安全过冬后春季就会萌发嫩绿的新叶。② 浇水不当。虎刺梅对水分的需求不是很高，但如果水分过低会引起叶子干枯落叶，这时候就要及时补充水分；此外，水分过多会引起虎刺梅烂根，也会出现叶子发蔫发黄的现象。因此，一般一星期左右浇水1次，保持盆土偏干微湿即可。③ 施肥过量。虎刺梅不喜大肥，肥力过大会引起叶子发黄。通常种植虎刺梅时基质中增加底肥就已足够，在花期每隔半月增施1次磷钾稀肥就可以了，这样不仅能保证虎刺梅叶子翠绿，也会保证花开不断。

大花虎刺梅

258　小型观叶植物椒草常见的品种有哪些？养护中需要注意什么？

椒草也称豆瓣绿，属于胡椒科椒草属多年生常绿草本植物，高 15～25 cm。叶片厚实近革质，形状有心形、卵形或圆形，或交错着生于枝上，或基部丛生，或呈莲座状排列。其绿色系的色彩富于变化，且从叶面、叶脉到叶边各有不同的线艺和斑纹，是一种最佳的小巧玲珑的室内美化用观叶植物。

椒草属野生种 1000 余种，大部分产于美洲的热带和亚热带地区，多数是生于林下的草本或附生于石头上。株型有直立型、簇生型和蔓生型 3 种。

目前在西安花市中可以见到以下椒草品种：皱叶椒草、豆瓣绿、花叶豆瓣绿、西瓜皮椒草、红娘椒草等。

西瓜皮椒草

椒草植物不耐寒，其最适宜生长的温度为 20～30℃，冬季不能低于 10℃。品种有绿叶和斑叶之分，它们对光线的要求也有区别。一般具有绿叶的椒草品种在微弱的光线下亦能良好生长；而斑叶品种在微弱的光线下往往会使斑纹消失，大大地降低了观赏价值，所以应给予明亮的散射光。

红娘椒草

椒草

椒草植物耐旱，浇水不用太频繁，干透浇透。施肥用普通的花肥 1 个月施 1 次，也可用磷酸二氢钾细雾喷叶面作为根外施肥。繁殖用枝插或叶插都可以，时间在 5～9

月均可，通常用顶端枝条繁殖效果最好，叶插最好带叶柄 1 cm 插于沙盆内，保持一定的湿度，20 天左右就可以生根。

259 椒草的茎叶为什么容易变黑腐烂？

椒草株型小、叶片翠绿，很受喜欢养花朋友的喜爱，比如豆瓣绿，叶片相对还大一些，有光泽度。但是，在养护它的过程中，夏季往往看着一盆生长很旺盛的豆瓣绿，几天之内就会从茎基部叶片开始，逐渐发黑腐烂，最后脱落。这是为什么呢，其实这不是病害，主要是栽培管理不当引起的。豆瓣绿叶片肉质加革质，可以阻止一部分水分的蒸发，对空气中的湿度要求不高，夏季的高温高湿对它来讲特别容易引起烂叶现象，所以在养护豆瓣绿的时候，浇水宁少勿多，只要保持盆土潮湿即可，放置的位置最好在通风处。另外，冬季浇水时应使水温和室温基本一致，否则也容易引起茎叶腐烂现象。

皱叶椒草

皱叶椒草

皱叶椒草

皱叶椒草开花

260 多肉植物鸡蛋花盆栽养护要注意什么？鸡蛋花的花能吃吗？

鸡蛋花又叫缅栀子、蛋黄花、印度素馨，为夹竹桃科鸡蛋花属落叶灌木，是热带地区开花最美丽的多肉植物，被佛教寺院定为"五树六花"之一，故又名"庙树"或"塔树"。其小枝肥厚肉质，稍带紫晕，落叶后枝头上留下半圆形的叶痕，颇像缀有美丽斑点的鹿角，所以又称之为"鹿角树"。

鸡蛋花叶片对生或轮生，形状长圆披针形，主要集中在植株顶端，叶背叶脉明显突出，排列整齐；花期5～10月，气味芬芳。花瓣5片，轮叠而生，外围呈白色并略带粉色，内面基部黄色，极似蛋白包裹着蛋黄。同属的种类还有红鸡蛋花和白鸡蛋花，前者花冠裂片深，红色，后者花黄色，有白心。

鸡蛋花是强阳性花卉，日照越充足，生长得越繁茂，而且花多而香，夏季不用遮阴。冬季室内养护5℃以下会受到冻害，低于8℃或通风不良时易掉叶并进入休眠期。水分不宜多，以不干不浇、见干即浇、浇必浇透、不可积水为原则。鸡蛋花喜欢石灰质土，施肥时注意补钙。

鸡蛋花既是老挝的国花，又是广东省肇庆市的市花；在夏威夷，人们喜欢将鸡蛋花串成花环作为佩戴的装饰品，所以它又是"夏威夷的节日"象征；在西双版纳，更是热情的傣家人招待宾客最好的特色菜。

鸡蛋花的花朵和树皮有清热解毒，润肺止咳的功效。广东地区常将白色的鸡蛋花晾干作凉茶饮料，花朵还可以提取芳香油，用作调制化妆品和高级香皂。

鸡蛋花

261 金琥会开花吗?

金琥学名（*Echinocactus grusonii*），为仙人掌科、金琥属多年生草本多浆植物。金琥会开花，花期 6～10 月，花着生球茎顶部，钟形，黄色。金琥开花比较难，生长年限比较长后才开花，一般需要养护 20～30 年的时间，因此生长年龄较小的金琥都不会开花。此外，金琥需要养护到足够大，养分足够多才能够开花，而且金琥开花对光照强度和光照时间也有一定的要求，一般每日需要 6 小时以上的光照时间，家庭养护通常都达不到光照条件，因此很难见到金琥开花。

金琥俯视

262 为什么金琥养一养不圆了，不好看了？

金琥平视

金琥球体浑圆碧绿，被金黄刺包裹，金碧辉煌，是室内盆栽种的佳品。但是养不好就会出现金琥徒长，球体不圆。金琥不长圆不发胖的原因主要是因为光照不足。金琥属仙人掌科植物，本身生长在热带沙漠中，对光照需求高，因此养护中一定要给予足够的光照，以明亮的散射光直射最佳，过一段时间转动盆体，让金琥的各个面都接受均等的阳光，避免球体向光性而长偏形成不规则形状。此外，浇水和养分要保持相对平衡，忌浇水干一段、湿一段，浇水不要过勤，施肥也要均衡，这样有利于金琥匀速生长，球体也就更加规则圆润。

263 芦荟能开花吗？要想让芦荟开花应具备什么条件？

芦荟本来就是一种以南非为中心产地的自生性植物，生命力非常旺盛，野生状态一年开一次花，花色通常因为芦荟品种不同而各异，有朱红色、橙黄色和黄色，平日粗放管理即可。有人问居室养的芦荟为什么总是不开花？其实，芦荟若健康生长，长大成熟的植株，九成以上都会开花。芦荟不开花

芦荟

的主要原因有：光线不足、营养不够。所以，芦荟开花应具备的条件是：① 生长过程健康，时间一到就会成为开花植株。通常库拉索芦荟3年，皂质芦荟1年左右就会开花。② 光照充足，长势良好，特别是夏季要接受更多的光照。③ 要有足够的营养，不缺磷肥。芦荟在生长过程中，氮、磷、钾及其他微量元素要足够，特别是支持芦荟开花的磷肥必须充足。

"三高"栽培法，即高温、高湿、高肥。在阳光充足、密度合理、通风良好的前提下，实行"三高"养护法，有利于芦荟的生长发育。

库拉索芦荟

木立芦荟

264　常见的家庭盆栽芦荟有哪些？库拉索芦荟和木立芦荟有什么药用价值？

芦荟属有500多种，多数起源于非洲热带干旱地区，但其中可供药用、食用的只有几种，观赏品种较多。盆栽观赏的主要有库拉索芦荟、木立芦荟、好望角芦荟、元江芦荟、中华芦荟、皂质芦荟、不夜城芦荟、须芦荟、翠花掌芦荟、细茎芦荟、翡翠殿芦荟、索马里芦荟、元宝芦荟等。

库拉索芦荟（Aloe vera）俗称美国芦荟，是目前应用最为广泛的大型芦荟种，主要分布在中美洲西印度群岛的库拉索岛和巴巴多斯岛，故名。库拉索芦荟经世界各国科学家和医药学家进行物理性状、化学组成和药理作用分析和临床实践证明，其药用、保健、美容、食用、观赏等效果均佳，是目前国际芦荟科学协会唯一认证的芦荟品种。

木立芦荟（Aloe arborescens）又叫龙爪芦荟，因其叶片反卷似龙爪而得名。这是一种用途广泛、以药用为主的大型种，日本栽培多，开发利用好，奉为圣草、救急药，有"家庭医药箱"之美称。木立芦荟有清热泻火、美容养颜的功效，同时也是一种能消炎杀菌的绿色植物。

库拉索的花

芦荟的花

木立芦荟的花

265　球兰怎么种植？怎样发挥球兰特殊的美化效果？

球兰属于萝藦科球兰属的攀援灌木，它主要分布在云南、广西、广东、我国台湾等地区，原生环境是附生于大树上或石壁上，其叶片肉质，茎节上有气生根。聚伞花序伞形状，花白色，一朵朵小花围成一个圆球形的大花，看着就像一个漂亮美丽的花球一样，很可爱。栽培过程中，要注意它喜欢温暖、阴湿的环境，但同时也耐干燥。夏秋季节需要保持较高的空气湿度，忌烈日暴晒，否则叶片会泛黄无光泽。球兰的适生温度为20～25℃，冬季室内温度不要低于1℃。每天至少要3～4小时的光照，否则较难开花。

球兰整株

球兰

球兰开花

要想让盆栽球兰发挥它的美化效果，可以在其枝条长到一定长度，在花盆内侧边缘竖几个支柱，也可以在网上购买带铁圈的支架，将枝条一根根小心分开，并分别绑于支架上，多余细弱的茎叶可以修剪掉。这样每个枝条都能照射到阳光，当爬满支架开花时，就是球兰最美的时候。

266 沙漠玫瑰不开花是什么原因？

沙漠玫瑰株型美观，花色艳丽，很多花友家中都有养植，但是常常会遇到沙漠玫瑰不开花的情况，这是怎么回事呢？沙漠玫瑰别名天宝花，是夹竹桃科天宝花属多肉植物。称为"沙漠玫瑰"并不是说它是生长在沙漠中，而是指它原产于高温干燥的沙漠地区。沙漠玫瑰不开花通常因为光照不足。养护过程中需要充足的阳光，尤其是开花前期为促进花芽分化，要将它置于光线明亮的地方。其次，养护温度过低也会影响其生长，因此温度最好保持在25～30℃，不能低于20℃，尤其是花期前，温度过低会导致花芽分化困难。因此，要使沙漠玫瑰生长旺盛，花开不断，需要保持养护环境温暖干燥，阳光充足，切忌温度过低，湿度过大，浇水过多。

沙漠玫瑰开花

267　三棱箭被冻坏后，上面的接球还有救吗？

一般来讲，很多品种类的仙人球都会嫁接在三棱箭上，也就是把三棱箭当砧木，这样有利于仙人球的生长。但是在北方，由于天气较为寒冷，加之三棱箭的耐寒性不如仙人球，因此经常由于养护不当出现三棱箭受冻甚至死亡的现象。砧木受冻后，顶上的仙人球能存活下来吗？答案是肯定的。方法是：将嫁接在三棱箭上的品种仙人球用利刃削下来，放在暖和的室内干藏，到第二年春夏季节，再将仙人球重新嫁接在三棱箭上或者其他砧木上，即可存活延续生长。

三棱箭开花

三棱箭上嫁接的缀化

三棱箭上嫁接的仙人球

三棱箭上嫁接的仙人球

三棱箭上嫁接的缀化

268　石莲花是生石花吗？

石莲花又叫宝石花，是景天科石莲花属植物。生石花又叫屁股花，是番杏科生石花属植物。两者都是多肉植物，名称有点像，很多人容易混淆，但从外观上还是很容易区别开来。石莲花有莲座状的叶片，酷似莲花，叶肥厚多汁，表面有一层白粉，有些品种叶子上还混有淡粉色的斑纹。生石花外形就像裂开的小石头一样，卵圆形的球体从中间裂开呈缝状，就像卵石似的。花一般在春末夏初开放，从缝隙中抽出，金黄色，花大，直径可达3 cm左右，观赏性极强。

生石花开花

生石花

石莲花

石莲花组合盆栽

269 为什么称昙花为"月下美人"呢?怎样才能在白天欣赏到它的风采呢?

昙花通常在夜深人静之时才撩开其神秘的面纱,而当人们还沉睡于甜蜜的梦乡时,它又转瞬拂面而过,故有"昙花一现"之说。

昙花为仙人掌科多年生灌木,属附生类仙人掌。1810年昙花从墨西哥引种到英国,20世纪以来广泛用于室内栽培观赏。通过杂交育种,昙花园艺品种已超过3000种,颜色以白色为主,还有黄、粉、玫瑰红、淡紫、鲜红、橙和双色等。它喜欢温暖湿润以及半阴的环境,忌强光,冬季养护温度不要低于5℃,

昙花花开

非常适合家庭阳台或客厅养护。花期在夏秋。目前常见的品种有以下几种:双色昙花,花紫和白色;红昙花,花鲜红色;盖氏昙花,花鲜红和淡紫色;橙红昙花,花橙红色;紫昙花,花白和紫色。

昙花在管理的过程中要注意以下几点:盆土不宜过湿,以免烂根;生长期施肥半月一次,初夏现蕾开花期应增施磷肥1～2次,要防止肥水过足造成茎节徒长,影响开花;昙花茎叶较为柔软,因此长高后应设支架。

很多人由于昙花在夜晚开放而无法目睹其风采而遗憾,那该怎么办呢?我们可以采用光照处理改变其夜晚开花的习性,让其白天开放即可。具体措施是:花蕾膨大到长约10 cm并开始上翘时,将其用黑布遮光或搬入暗室,如同黑夜;晚上再给予人工光照约10小时,如同白天。经过一星期昼夜颠倒的处理,昙花就能在白天开花。

270 令箭荷花跟昙花是一回事吗?

在了解了昙花的一些常识后,有人会问令箭荷花跟昙花是一回事吗?如何用肉眼直接区分二者呢?虽然它们是一个家族中的孪生姐妹,外观相似,极易混淆,但实际上从两个方面就很容易区分开：① 茎叶不同，这也是昙花和令箭荷花最显著的区别。昙花主枝圆柱形，分枝为多数长节，光滑无刺；新枝扁平，绿色有光泽，叶状，宽约 5 cm，且薄而软，边缘为波浪式浅锯齿，中肋硬而厚。令箭荷花分枝从基部生出，茎扁平，长披针形，较昙花窄，约 3 cm，厚而硬，边缘是圆锯齿，凹入部分有细刺，中肋及侧脉明显，边缘略呈红色。② 花不同。昙花大而无梗，以白色居多，花萼筒状，花径 10～15 cm，花长 20～30 cm，花期 7～9 月，通常在晚上 20:00～24:00 开放，4 个小时后凋谢。令箭荷花的颜色多，数量多，花较昙花小，花期在 5～6 月，通常每天日出开放，日落闭合，要持续 3～4 天才凋谢。

昙花洁白典雅

昙花晚间开放

271 熊童子夏天应该怎么养？

熊童子因其毛绒绒的可爱"熊掌"受到很多人的喜爱。但是夏季来临时，熊童子会出现掉叶、黄叶甚至死亡的情况。夏季熊童子养护一定要注意：熊童子在夏季温度过高时会出现休眠现象，停止生长，这时应减少浇水，但不能断水，缺水容易导致根部枯死或茎干木质化，这样部分叶片就容易发黄，掉落。因此，熊童子夏季要减少浇水频次和水量，但不能断水。其次，熊童子不耐热，在夏季超过 30℃时，就会进入休眠期，出现零星的掉叶进行自我保护，这时应尽快把熊童子放置在凉爽通风的环境中，早晚

熊童子

适当增加光照，减少浇水量，保证熊童子安全过夏。

272 如何进行熊童子的扦插繁殖？

熊童子的扦插最适温度在 15～25℃，故扦插繁殖应该春秋季节进行。选择疏松排水良好的基质，可以用沙壤土也可以用腐叶土、蛭石、沙子等配比好的基质土或者直接选用多肉养植的专用土，扦插前在基质表面喷水，保持基质湿润，但不能过于潮湿。扦插可选用叶子扦插或枝条扦插，选用叶子时，选择肥厚、健康的叶片，放置于阴凉通风的地方，晾干伤口；选择枝条时，选择 5～7 cm 的顶部枝条，去掉底部叶子，放置于阴凉通风处晾干伤口，通常晾晒 2～3 天。晾晒后的叶子斜插至基质中；晾晒后的枝条浅插入基质中，浅插深度 1～2 cm。扦插后放置在通风透光良好的环境下进行养护，温度维持在 15～25℃，基质保持略微湿润即可，1 个月左右即可生根。

熊童子肉乎乎的叶片很可爱

273 蟹爪兰的"叶片"是真正的叶子吗？为什么叫"蟹爪兰"？

冬天来了，正是蟹爪兰花朵开放的季节，它那反卷的花瓣和丰富的花色让许多爱花者对它情有独钟。由于其盛花期适逢西方圣诞节,所以西方人又称之为圣诞节仙人掌。蟹爪兰虽然属于仙人掌科植物,但与沙漠型仙人掌植物的生态相差甚远。它怕热,喜欢荫蔽、通风、湿润的环境。蟹爪兰最原始的生长环境是南美巴西的热带雨林,一般都成堆地生长在潮湿阴凉的山谷里、石缝中或大树干上。我们看到的"叶片"实际上并不是真正的叶片,而是扁平状的变态茎,真正的叶片已经退化了。

蟹爪兰

近年来,英国、法国、德国、美国、日本和丹麦等国的花卉育种家先后做了大量的杂交育种工作,又培育出了 200 多个栽培品种,使其锦上添花。颜色有淡紫、玫红、紫红、粉白、橙黄、白色等。但通常蟹爪兰仅分宽叶和窄叶两种,前者茎叶色深绿,宽大,长 6～8 cm,宽 3～5 cm;后者茎叶色略淡,长 4～5 cm,宽 1.5～2.5 cm。蟹爪兰叶片的顶端凹陷,且陷下去的部分有参差不齐的锯齿,也是花蕾和新叶长出的地方。凹形两侧的尖齿,形如蟹钳,因而得名蟹爪兰。

274 长势很好的蟹爪兰为什么不开花?

很多人在种植了好几年后发现,蟹爪兰虽然长势很不错,却总开不了花。这究竟是怎么回事呢?

究其原因,除了氮肥施用过多,磷钾肥过少影响了花蕾的孕育外,家庭养护还存在以下几方面的常见问题。首先,蟹爪兰是短日照植物,每天光照如果超过 12 个小时(包括晚上家里的电灯光照时间),那花蕾就很难形成了。其次,在孕蕾期间,如果昼夜温差太大,孕育的花蕾就很容易受到伤害,影响开花。所以天气转凉后,应及时移入室内,且室温最好保持在 15℃以上。最后,要做好修剪、疏蕾、绑扎等工作。剪去部分衰老和过密的枝条,以免影响光照;及时去掉茎节上吊的过多的弱小花蕾,这样才能开花旺盛;大的植株可以用支架固定,避免互相叠压,尽量使株型成伞状。

蟹爪兰

275 如何辨识蟹爪兰和仙人指？

仙人指与蟹爪兰都属于附生仙人掌类，其花形和变态茎大体相似，在花市中仙人指经常也被花商称之为蟹爪兰，二者的名称常常混淆。

仙人指

该如何区别它们呢？首先要清楚其相同点，二者都原产于南美巴西，都有扁平的变态茎，基茎根连成枝，密集如簇，匍匐丛生，且通常着花的部位都在最上一节基的顶端，栽培方法也基本相同。但是要想辨清它们其实也不难，只要从茎叶及花形上仔细观察即可。

蟹爪兰通常在11月至翌年1月开放，12月是其盛花期，又称为圣诞节仙人掌；仙人指一般在1～3月开花，2月是其盛花期，又称为圣烛节仙人掌。

蟹爪兰有宽大叶和窄叶两种，前者茎叶色深绿，宽大，长5～8 cm，宽3～5 cm；后者茎叶色略淡，长4～5 cm，宽1.5～2.5 cm，两者茎的形态相同，其边缘均有2～4对尖齿，顶端凹形，中有刺座，生有少量细毛，茎叶或花蕾即由此长出，凹形两侧的尖齿，形如蟹钳，因而得名蟹爪兰；仙人指通常茎叶长 2～5 cm，宽度略窄，为 1～2 cm，质薄，基叶的边缘波状，无肉质齿，顶部平截，由于其茎叶形似指甲，因此称为仙人指。

二者花形也不相同。蟹爪兰的花在盛开时通常像飞燕横飞一样，其花筒较长，4～5 cm，花的左右两侧对称，有 18～20 片反卷的花瓣，分 2～3 层着生在花筒的底部、中部和上部，花柱红色，较雄蕊长 2 cm 左右，花色较多，有淡紫、玫红、紫红、粉白、橙黄、白色等。仙人指的花盛开时通常自然下垂，花筒较蟹爪兰短，3～4 cm，花瓣 16～18 片，内瓣先伸直而后呈 90°角平展开，成不规则的辐射对称状，不反卷，有雄蕊 2 组，较短的一组散生在花喉上，较长的一组呈环形生长在基部包住花柱，花柱略高于雄蕊或相平，其花色目前在花市中以粉色和紫色居多。

276 入冬后的蟹爪兰或者仙人指为什么会落蕾？

蟹爪兰和仙人指可以直接在盆里栽种，也可以在仙人掌或者三棱箭上嫁接。一般花芽在入冬后就形成了，通常落蕾跟以下原因有关：① 盆土过湿。入冬后没有暖气的房子蒸发量会减少，盆土过湿会烂根，导致落蕾。② 盆土过干。③ 通常三棱箭没有仙人掌耐寒，因此用三棱箭嫁接的蟹爪兰或者仙人指在入秋后如果遇到突然降温，容易引起落蕾现象。所以要注意防寒，应放置在室内温度 15℃ 以上，阳光能充分照射到的地方可以防止落蕾。④ 缺少营养。入秋后也要坚持 10～15 天施用一次磷钾肥，做到薄肥勤施，这样才能饱蕾怒放。

277 燕子掌和玉树是一回事吗？

燕子掌（*Crassula ovata*），为景天科青锁龙属常绿小灌木。玉树（*Crassula arborescens*），为景天科青锁龙属多肉质亚灌木。燕子掌与玉树很相像，但二者为同科同属不同种植物。从形态学外观上看，燕子掌叶子青绿色没有红边，玉树在阳光很强时叶缘有细细的红边和红晕；燕子掌叶片 3～5 cm，相对较大，玉树叶片 3～4 cm，相对较小；燕子掌茎干较软而玉树茎干较坚挺。

278 燕子掌落叶怎么办？

燕子掌不耐寒，怕强光，喜排水良好的土壤。燕子掌一般养护比较粗放，很好养护，

燕子掌

落叶现象很罕见。如果出现落叶情况，首先看基质是否板结，若土壤板结根系吸收水分和养分受阻，就会因养分不足产生落叶，应及时更换疏松的基质土壤可防止落叶。此外，浇水过量导致烂根也会引起落叶，如果出现烂根现象也要及时更换盆土，同时修剪掉已经腐烂的根系，晾干后涂抹杀菌剂再进行盆栽。还有一种情况就是环境温度的突然改变也会出现掉叶子，这时候要采取一定的保温或降温措施防止叶片继续脱落，后续在适宜的温度环境条件下进行养护，新叶就会萌发。

279 长寿花如何繁殖？

长寿花属于景天科，原产于非洲及亚洲南部。其株型较矮，分枝多，花有单瓣、重瓣品种，花色丰富多彩，花量大，叶片肉质，很受家庭园艺爱好者的青睐。长寿花虽然花量大，但很难结实，所以通常采用扦插方法进行繁殖，枝插、叶插均可。如果追求繁殖数量，可以采用叶插方法，叶插的时间可以选择在春、夏、秋均可。先从母株上剪取一定长度的枝条，用利刃将叶柄基部切下，并将切下的叶片放置在阴凉处晾半天，待伤口汁液干后再进行扦插。扦插基质用蛭石或者珍珠岩均可，扦插深度2～3 cm。插入后将基质压紧，一次性浇透水，注意不要淋雨，半个月后即可生根，20～30天叶柄基部就可以长出小萌蘖的芽，等萌蘖芽稍长大后，即可移栽。

长寿花

单瓣品种

280 长寿花室内养护经常会呈松散状态,该如何让它复壮更新?

长寿花在居室养护两年后,枝条细弱,植株经常呈松散状态,影响观赏,该怎么处理呢?首先可以剪下较大的枝条,摘掉老叶,直接插入营养土中,当年即可长成新植株。另外,由于长寿花萌蘖能力较强,修剪后基部会萌发出很多幼芽,当幼芽逐渐长大后建议可以适当摘除多余的芽,只留可以保证株型圆满的顶芽即可,这样营养集中,光照充足,每个萌发的枝条都能形成花芽。第三,长寿花花期过后,不宜重剪,只需要摘除残败的花序即可。第四,长寿花不喜欢浓肥,它的花期通常在春秋冬三个季节,建议在每个开花期前用磷酸二氢钾,每隔10天左右喷施叶片,可以有效促进花芽的发育和生长。

重瓣品种

五、其他

281　中国十大传统名花是什么？十八学士指的是哪些花卉？

喜欢花卉园艺的朋友应该知道我国的十大名花是什么，它们是：梅花、牡丹、菊花、兰花、月季、杜鹃、山茶花、荷花、桂花、水仙。

学士本来是反映专门人才专业知识水平的称号，由于人们对一些观赏植物的偏爱和推崇，往往会给它们冠以"学士"的雅号。比如：十八学士茶花，这个是茶花中的一个珍品，花朵由70～130多片花瓣组成六角塔形的花冠，层次分明，排列有序，相邻两角的花瓣排列20轮左右，多为18轮，故称为"十八学士"。还有"十八学士"之称的文殊兰，其花朵洁白无瑕，每一个花茎上有白色的花朵18～20朵，故也称十八学士。盆景中也有十八学士，主要指以下18种植物：梅花、桃花、杜鹃、石榴、山茶、蜡梅、罗汉松、翠柏、六月雪、紫薇、西府海棠、栀子、南天竹、虎刺、枸杞、木瓜、吉庆果、凤尾竹。

282　花卉品种和花卉种质资源有什么区别？

花卉"品种"和花卉"种质资源"的意义不同。所谓花卉品种，通常是指一种花卉经过人工选育或者发现并经过改良后形成的形态特征和生物学特性一致、遗传性状相对稳定的植物群体。花卉种质资源是指选育花卉品种的基础材料，包括4种类型：本地品种资源（含地方品种和改良品种）、外地品种资源（起源中心及次起源中心的品种）、野生植物资源（包括近源野生种）和人工创造的种质资源（人工远缘杂交、诱变、细胞融合、基因导入等技术创造的新类型）。

种质资源是育种工作的物质基础，是不断发展新品种的主要来源。随着生产和科学技术的不断发展，育种者会持续不断地从野生植物资源以及其他资源中挖掘更多更好的品种，以满足人们生产和生活日益增长的需要。

283 花卉在育种工作中，品种改良的目标包括哪些？

花卉种类繁多，很多花卉企业、研究机构甚至花卉爱好者都将培育优良的花卉新品种作为自己研究的方向，从盆花品种、切花品种、园林露地花卉等不同要求到不同花色、花型、花香等特征需求，育种工作者都在自己涉猎的种类中挖掘培育更为新奇、适应性更强的品种。但总的来讲，花卉品种改良的目标不会脱离以下几点：① 从色彩、花型、花香等性状上获得突破。② 更为节能的品种。如培育耐寒的蝴蝶兰，解决生产蝴蝶兰的过程中能源耗费的问题，降低生产成本。③ 抗病性及适应性更强的品种。如培育耐热的羽扇豆品种，让其能在北方炎热的夏季自然越夏。④ 提高产量、生产率以及有特定需求的品种。

284 花卉种质资源中乡土花草的地位如何？今后该怎么做？

花卉的种质资源保护和利用目前已经上升到了很高的高度，我们应该积极通过各种渠道去收集、保护、利用这些资源，特别是深藏在秦岭山中、黄土高原上以及很多沟沟畔畔的美丽花草，这些乡土花草与生态振兴、产业振兴和文化振兴息息相关。利用就是最好的保护，用引种驯化中的多种方式进行保护利用，首先用种子、插穗、组培等进行扩繁，增大种群数量。其次，研究其适应性及其栽培技术。第三，培育新品种。第四，挖掘新用途，形成生产力。第五，加大宣传推广力度，服务乡村振兴，服务园林园艺，服务生态文明建设。

285 铁筷子属植物种类繁多，它在世界上是如何分布的？

铁筷子属植物是毛茛科多年生草本，近年来在园林园艺方面异军突起，很多花友都很喜欢它，因为它花期长，可以从圣诞节一直开到春天，花凋谢后萼片也能欣赏很长时间，因此也有"圣诞玫瑰"的美誉。本属约有 20 种，主要分布在欧洲南部和亚洲西部，从英国西部、西班牙及葡萄牙向东经过地中海沿岸地区、中欧一直延伸到罗马尼亚及乌克兰，并沿着土耳其北部海岸一直到高加索地区都有分布。巴尔干半岛是铁筷子属的分布中心，我国仅有 1 种铁筷子，分布于四川西部、陕西南部和西部、甘肃以及湖北西北部，是我国西部特有种。主要生长于海拔 1100～3700m 的山地林中或者灌丛中。

铁筷子属植物依照地上部分是否具有明显的茎，可将本属植物分为有茎种及无茎种两大类。有茎种地上部分有明显的茎，茎上着生叶与花；无茎种则地上部没有明显的茎，叶及花直接由地底下的根状茎长出。铁筷子属植物有很多园艺种，根据花瓣及萼片的特征又分单瓣、重瓣、半重瓣等多种类型。

铁筷子野外开花

铁筷子的萼片也有观赏价值

286 铁筷子作为单属种的乡土花卉，它的优缺点有哪些？如何在家庭园艺中应用？

铁筷子属植物已经广泛地应用在花园中，由于其许多种类是常绿植物，开花期又在冬季及初春，植株特别耐寒，由于在这一时间段开花的植物并不多，因此特别受到园艺爱好者的重视和喜爱。其中铁筷子（*Helleborus thibetanus*）是我国西部乡土植物，其特点是：株高30~50 cm，基叶具长柄，茎生叶近无柄，叶片鸡足状三全裂；萼片5，花瓣状，初期粉红色，果期变绿色，常干燥宿存；花瓣小而管状，不明显，短于雄蕊；心皮2~3，分离，成熟时变为革质或纸质的蓇葖果。这里需要说明的是：我们看着像花瓣的实际上是萼片，它会一直宿存数个月，真正的花已经变成杯状的蜜腺了，它们环绕成一圈生长在萼片的基部。

铁筷子

铁筷子园艺品种

该种在关中地区种植，进入炎炎夏日的7月，地上部分会出现部分枯萎现象，翌年2月开始萌动，并在早春万物还未复苏之前就开始开花，为早春单调的景色增添一份美丽的色彩，犹如精灵一般。因此在栽培时注意它夏季喜欢半阴、冬季喜欢光照的特性，并依此随时调整它的位置。铁筷子属的一些园艺种在冬季呈现半常绿状态，根系也很发达。

铁筷子既有很高的观赏价值，也有很高的药用价值，它可以作为花园植物应用于庭院及绿化景观中，它的美带着一些野趣，十分自然，还可以作为盆栽花卉。同时花梗长的铁筷子品种还可以在切花市场中占有一席之地。目前园艺学家们培育出了大量的优良园艺品种，叶色从苹果绿到墨绿，叶形3裂、5裂、7裂甚至有带状变化，花色有白、绿、粉、紫、黑甚至带有斑点、条纹，花型有单瓣、半重瓣、重瓣的，变幻多姿。

287 什么是蔬菜花卉？它的特点是什么？

蔬菜花卉是指既有蔬菜的食用属性，又有花卉的观赏价值的植物。蔬菜花卉的概念既不同于严谨的植物学分类，又不同于农业生产上对植物的习惯性分类，是介于花卉和蔬菜之间的一种有明确内涵的花卉新类别。它有以下几个特点：① 植株较为矮小；② 栽培容易；③ 其花、果实、茎、叶或根可食用可观赏；④ 营养丰富；⑤ 赏食兼用或者药食兼用。

288 蔬菜花卉有哪几大类？都有哪些代表性的植物？

家庭园艺中常种植的蔬菜花卉有观叶类、观花类、观果类、观根类及观茎类。其中观叶类有羽衣甘蓝、紫苏、菊苣、香芹等；观花类有黄秋葵、诸葛菜、黄花菜、金银花等；观果类的比较多，有草莓、番茄、五色椒、茄子等；观根类的有胡萝卜、红萝卜、萝卜、樱桃萝卜等；观茎类的有芦笋、仙人掌、莴笋、马齿苋等。

289 蔬菜花卉在家庭园艺栽培条件下要注意什么？

由于蔬菜、花卉除了观赏以外，还可以食用，因此在栽培养护时一定要注意环境基质等的环保卫生。①栽培基质要彻底消毒，要做到清洁卫生、无病虫害。②尽量减少使用化学肥料，多使用腐熟的有机肥和生物肥料。③家庭园艺种植的蔬菜、花卉品种尽量选用抗虫抗病的品种，一旦有病害或虫害危害，要使用生物制剂及物理方法进行防治，比如用烟丝水、辣椒水、大蒜汁液、波尔多液、石硫合剂等。

爱丁堡植物园的蔬菜花园

290 什么是食虫植物？主要有哪些种类？

食虫植物就是能用植物体自身的某个部位捕捉活着的昆虫，并分泌消化液将虫体消化吸收，作为自己养分供应的一类植物统称。这一类植物分布于10个科约21个属，有630余种，我们在花卉市场以及植物园等地常常见到的食虫植物有：瓶子草、猪笼草、茅膏菜、捕蝇草、捕虫堇、狸藻属等。食虫植物种类有以下几种：

第三章 植物各论

捕虫堇	 捕蝇草	 洛弗丽茅膏菜
 茅膏菜	 茅膏菜的花	 瓶子草的生活环境

苹果捕虫堇

紫色瓶子草

291 食虫植物是怎么捕食昆虫的?

食虫植物通常是多年生草本，它是怎么做到让昆虫上当并让其掉入囊中？我们用市面上出售最多的猪笼草和捕蝇草来简单介绍一下。

猪笼草

猪笼草是猪笼草科猪笼草属半木质的蔓生瓶状植物，分布在加里曼丹、马来西亚、澳大利亚、印度东部及我国广东省南部，野生种约170种，我国产1种，园艺种超过1000种。其叶子分为4部分：基部是叶柄，然后是宽大的叶片，叶片的尖端收缩成细长而弯曲的叶梗，叶梗的末端又膨大成捕虫袋，故得此名。捕虫袋有各种颜色，形状也各不相同，有圆筒状、有卵形、有喇叭形。捕虫袋上面有半开的盖子，有的袋口附近及盖子上还有蜜腺，散发出芳香的气味，引诱昆虫。捕虫袋内壁特别滑润，袋口收缩加厚成为光滑的齿环，昆虫一旦掉入就很难爬出。幼嫩的捕虫袋内壁的腺体能分泌一种黏液，其中含有能分解蛋白质的酶，可以分解昆虫。老的捕虫袋不分泌这种酶，靠液体中的细菌来分解捕获的小昆虫。

捕蝇草是一种最受欢迎的食虫植物，属于茅膏菜科捕蝇草属。其原生地属于湿地上的草原，土质多为泥炭以及硅砂，原生种也只有一个，另外有几个变型种。但随着组织培养等技术的发展，目前，捕蝇草的园艺种已经超过600种，大部分为变异或杂交品种。捕蝇草的捕虫器为夹状，在叶片的末端，沿中脉分为两叶。在每片夹叶的内表面都有敏感的触毛，通常有3根。触毛的碰撞弯曲会引发其基部细胞的胁迫门控通道打开，产生一个动作电位并传导至中脉，致使其细胞形态发生改变，产生闭合，整个闭合过程不超

猪笼草

过 1 秒。捕蝇草的夹叶具有向触性，猎物被关闭其中时会挣扎，但其挣扎恰恰造成了夹叶向内生长，并密封于其中，进而形成一个消化囊。通常虫子被夹住后有 1～2 个星期的消化过程，营养成分吸收完后夹叶会自动打开。每个夹状的捕虫器可夹虫 3～4 次，最后失去关闭功能。

292 食虫植物在家庭中怎么养护？

很多花卉市场上的猪笼草等食虫植物买回家后没多久就干枯死亡了，大家的反馈是这类植物太难养了。是这样吗？其实要想养好食虫植物，首先要知道其原生的环境或者以前的生活环境是怎样的，再根据其习性特征来调整养护条件，在其正常生长后，再逐步改变环境，并随时观察植物的表现。食虫植物大多具备以下几个特点：①食虫植物大多数是生活在贫瘠的地方，栽培它用的基质可以是泥炭加珍珠岩的混合土或者水苔也行。② 食虫植物大多喜欢软水，而不是我们饮用的自来水，因此减少使用自来水，用雨水、桶装水、蒸馏水、纯水等均可，特别是捕蝇草对水质更为敏感。③ 大多数食虫植物喜欢全光照，如瓶子草、捕蝇草、茅膏菜等；也有个别品种对光照要求低，散射光即可。如猪笼草、捕虫堇等。④ 在实际养护过程中，常碰到的是空气湿度、光照等环境因素的变化问题。如猪笼草原生环境的空气湿度很高，当栽培于我们生活的环境中时，往往笼子不出一个星期就会慢慢地枯萎。所以应先提供高湿度的环境，正常生长后加强通风，逐步降低空气湿度，如果一段时间后正常生长，可再次降低湿度，如果生长不良，再增加空气湿度，下次降低幅度小一些直到能适应的范围。光照也是如此。

瓶子草

瓶子草

293 不是所有的植物都适合水培，哪些植物可以水培呢？

土壤栽培在浇水或换盆时总会带来很多不便，有小院的还好，住高楼的就比较麻烦了。解决上述矛盾并不难，选择合适的花草，不用土，一瓶清水，一株绿色植物，就可以实现并感受养花的乐趣了，这就是时尚简便的养花方法——水培花卉。

植物水培已有很长的历史了，早在1860年，德国科学家就用植物生长必需的10大营养元素配制成营养液来栽培植物。在我国广东地区就常把栀子花的树桩养在水中观赏，还将富贵竹、广东万年青的枝条插在水中生根生长，还有用清水培育造型水仙等，赏其根，观其叶，闻其香，一举三得。春天温度回升比较快，植物根系生长迅速，是开始水培植物的好时机。适合水培的植物也有很多，下面举几个植物种类，大家可以在家里尝试一下。比如绿萝吊兰、吊兰、虎皮兰、龟背竹、喜林芋类、合果芋类、常春藤、鸭跖草、旱伞草、小发财树、豆瓣绿、袖珍椰子等。器皿可以用大酒杯、玻璃杯、花瓶等，也可以用废弃的饮料瓶改装一下即可。水培花卉仅用自来水植物也能生长较好，天气热了，3～4天就应该换换水，以免水变质有味。如果想让水培花卉生长更

水培的滴水观音

加茂盛，可以在每次换水后滴几滴水培营养液，简便易行。这种水培花卉营养液在一般花卉市场上都有出售，可以按要求进行添加。水培花卉清洁易养，经济实惠，尝试一下吧，您会发现水培花卉是别有风味的！

294 水培花卉养护中有哪些注意事项？

水培是花卉的一种特殊栽培方式，"冰清玉洁"就是其本性。随着气温的升高，水培花卉生长旺盛，水中微生物易大量繁殖，耗氧量持续增加，以下是给养护水培花卉爱好者的几点建议。

首先，保证水中一定的氧含量。家庭可以采用物理方法来增加水中的溶解氧，如缩短换水的时间间隔、适当减少营养液的浓度等。室温超过30℃时，彩叶草、竹节海棠、凤梨等不耐高温的植物直接用清水即可。另外，根系1/2或1/3浸入水中即可以免浸入过多而妨碍根系的自由呼吸。

其次，勿将水培花放置在强光下。水培花通常是一些耐阴的观叶花卉或花叶兼赏类，忌高温干热，不宜长时间摆放在朝阳的阳台或窗台上，否则会引发藻类滋生，植株易枯萎、休眠甚至黄叶。水培方式并不改变植物的生长习性，炎夏时最好放在室内比较凉爽的地方，但不要太过阴凉，否则叶片会变薄或形成色块，失去光泽。更要避开空调的出风口，否则叶片会卷曲或叶缘枯萎。

最后，发现根部有藻类时要及时将植物取出，彻底清洗器皿，小心刷除附着在根系上的藻类即可。

绿萝吊兰的水培

仙人球的水培

295　什么样的植物材料可以用来插花？

花材是插花的主要组成部分，反映了创作者的艺术风格，它必须具备以下几个条件：① 生长强健，无病虫害。② 从植物体上剪下来后水养持久，不易萎蔫。③ 无毒、无臭及其他刺激性气味，不污染环境和衣物。④ 具备一定的观赏价值。具备以上条件的植物都可以用来插花，它除了常规的插花花材外，还包括有特点的枝干、枝条，也包括轻盈柔美的小花，还有很多野草、野花、枯枝、枯叶也可以，甚至各种蔬菜、瓜果也可以配合鲜花一起用来插花。只要认真观察，在我们的生活中有很多可以利用的花材。

插花作品

296　鲜花、干花和人造花在插花中的区别是什么？

鲜花插花最具自然花材之美，给人真实的生命力美感。可供选择的花材很丰富，因此很多场合下大家都很喜欢用鲜花插花，特别是一些盛大隆重的场合或者重要的庆典活动中，要用鲜花插花。缺点是水养持久性有限，在暗光条件下不宜使用。

干花插花所用的花材是经过脱水加工后的自然植物材料。它不失原有植物的自然形态美，也可以随意染色，插花后经久耐用，管理方便，也不受光线限制，暗光下也可以使用。一般用于宾馆、饭店、咖啡店等的大堂、走廊、餐厅及拐角等处进行装饰。缺点是怕潮湿的环境。

人造花插花所用的花材是人工仿制的各种植物材料，有绢花、涤纶花、塑料花、针织花、水景花等。它在色彩上既有仿真效果，又有随意设计的颜色，插好后管理简单，擦除灰尘即可。主要用在大型舞台、橱窗装饰、婚礼等场合。

插花作品

297 什么是瓶景？如何制作和管理瓶景？

瓶景就是把若干植物移入玻璃容器内种植，并经过巧妙构思和安排，布置成微型景观的形式。瓶景的水分不易蒸发，管理较为简单，不沾灰尘，不易感染病虫害，葱郁静谧，透过光洁的玻璃欣赏，别有一番景致。

在家里该如何制作瓶景呢？首先，提前准备好以下材料：植物材料、洗干净的玻璃瓶、消过毒的栽培基质、

瓶景

小石子或木炭粒、小木棍或木片、漏斗、长柄镊子、喷壶等。其次，先填 2 cm 厚的小石子等大粒基质铺垫，再填入 3～4 cm 的栽培基质，压实做平整后选好位置，用小木片挖小坑，用镊子将植物小心栽入，并固定好。第三，所有植物材料种植完后，用镊子夹着棉布将瓶壁擦净，之后用喷壶沿瓶壁缓缓浇水至栽培基质湿润即可，不要积水。

最后，如果有盖加盖，无盖也可，先放置在没有直射光的条件下缓苗 4～5 天，待植株恢复生长后再放到合适的位置。另外要注意的是，如果有瓶盖，浇一次水可以管 1～2 个月，随时观察，因为里面的水分可以自然循环，如果瓶壁凝结水滴多，湿度过高，就打开瓶盖更换一下空气。如果无瓶盖，就要注意及时补充水分，经常喷雾水，保持空气湿度及叶片清新翠绿。

瓶景

298 屋顶花园在设置时应注意什么问题？

屋顶上栽种花草已经成为很多有条件家庭的不二之选，但是在布置屋顶花园的时候，一定要注意以下几点：① 承重。由于屋顶承重能力不同，栽培基质可以选用轻质的如泥炭土、草炭土、木屑、蛭石、陶粒、珍珠岩等混合物，厚度建议草本植物 20 cm、灌木 50 cm、小乔木 75 cm，尽量将种植槽、花盆、花池等放在承重墙或立柱上。② 防渗。铺上 1～2 层薄玻璃纤维布等防水材料，

美丽的屋顶花园

做好防渗工作。③ 植物选择。屋顶不适合种植深根性高的植物，应选择喜阳、耐旱、耐寒、须根发达的植物。如月季、玫瑰、唐菖蒲、六月雪、佛甲草等喜阳的植物。④ 防风加湿。屋顶气候条件一般，不接地气，水分蒸发快，易干旱，浇水和喷水要勤，可以配备储水设备及喷淋装置。

美丽的屋顶花园

299 种植草坪有哪些方法？

草坪在庭院设计以及绿化景观构建中必不可少，它可以提供休闲和运动的场所，同时保持水土。介绍以下几种方法：① 铺砌法。这种方法可以快速建成草坪，但工序繁杂，投入较大，草后期生长空间也受限，目前采用较少。② 播种法。可春播或者秋播，大面积种植可以用条播机，小面积播种可以人工种植。播后要用耙子耙一下，让草籽均匀分布，并压实。③ 播茎法。这种方法主要针对匍匐茎发达的草种，如狗牙根、细叶结缕草等，时间在早春草皮刚要萌发时进行，也可在雨季进行。剪取的匍匐茎每段上必须要有一个节，否则不能萌发新根。④ 栽根法。这个方法适用于能分蘖的种类，简单地说就是分根栽植，比如日本麦冬等。

纽约植物园

西安植物园

300 如何进行草坪的管理？

草坪管理应注意以下几点：

（1）当草坪生长过高或者参差不齐时，就应该进行推剪，一般使用剪草机进行该项作业。每年推剪的次数视草坪生长情况而定，北方地区特别是关中地区5～9月期间，1个月1～2次，推剪的高度在10 cm左右即可。

（2）人工栽种的草坪上滋生的杂草要及时摘除掉，不能结籽。两年生以上的草坪杂草不多时可以用手拔或者结合剪草机剪断；大面积的草坪可以施用化学除草剂清除杂草。

（3）及时喷灌。天气干旱时更要及时浇水，特别是早春萌芽的时候，水分一定要充足。

（4）草坪年久会老化衰退，要及时更新，一般每隔4～5年翻耕1次。

植物名录

观花植物（88种）

欧洲报春Primula acaulis
报春花Primula malacoides
藏报春Primula sinensis
粉苞酸脚杆（宝莲灯）Medinilla magnifica
百合Lilium brownii
云南大百合Cardiocrinum giganteum
野百合Lilium brownii
绿花百合Lilium fargesii
长春花Catharanthus roseus
杜鹃Rhododendron simsii
大岩桐Sinningia speciosa
大花蕙兰Cymbidium hybrid
地涌金莲Musella lasiocarpa
扶桑Hibiscus rosa-sinensis
木槿Hibiscus syriacus
蜀葵Alcea rosea
锦葵Malva cathayensis
黄蜀葵Abelmoschus manihot
红萼苘麻Abutilon megapotamicum
灯笼扶桑（纹瓣悬铃花）Abutilon pictum
戟叶孔雀葵Pavonia hastata
大丽花Dahlia pinnata
小丽花Dahlia pinnata
倒挂金钟Fuchsia hybrida

二月兰Orychophragmus violaceus
凤梨Ananas comosus
粉菠萝Aechmea fasciata
铁兰Tillandsia cyanea
果子蔓Guzmania lingulata var.cardinalis
丽穗凤梨属Vriesea
艳凤梨Ananas comosus
风信子Hyacinthus orientalis
四季桂Osmanthus fragrans
月桂Laurus nobilis
银桂Osmanthus fragrans var. fragrans
金桂Osmanthus fragrans var. thunbergii
丹桂Osmanthus fragran var. aurantiacus
蝴蝶兰Phalaenopsis aphrodite
红掌Anthurium andraeanum
鹤望兰Strelitzia reginae
尼古拉鹤望兰Strelitzia nicolai
白冠鹤望兰Strelitzia augusta
尾状鹤望兰Strelitzia caudate
棒叶鹤望兰Strelitzia juncea
荷包牡丹Lamprocapnos spectabilis
花毛茛Ranunculus asiaticus
荷花Nelumbo nucifera
金边瑞香Daphne odora

君子兰*Clivia miniata*
菊花*Chrysanthemum morifolium*
春兰*Cymbidium goeringii*
蕙兰*Cymbidium faberi*
建兰*Cymbidium ensifolium*
墨兰*Cymbidium sinense*
寒兰*Cymbidium kanran*
虎头兰*Cymbidium hookerianum*
卡特兰属*Cattleya* Lindl.
兜兰属*Paphiopedilum*
石斛*Dendrobium nobile*
万代兰属*Vanda*
耧斗菜*Aquilegia viridiflora*
茉莉*Jasminum sambac*
牡丹*Paeonia suffruticosa*
芍药*Paeonia lactiflora*
木芙蓉*Hibiscus mutabilis*
米兰*Aglaia odorata*
马蹄莲*Zantedeschia aethiopica*
秋海棠属*Begonia* L.

银星秋海棠*Begonia × albopicta* hort.
蟆叶秋海棠*Begonia rex*
水仙*Narcissus tazetta subsp.chinensis*
山茶*Camellia japonica*
石蒜*Lycoris radiata*
睡莲*Nymphaea tetragona*
碗莲*Nelumbo nucifera*
天竺葵*Pelargonium hortorum*
仙客来*Cyclamen persicum*
绣球属*Hydrangea* L.
八仙花*Hydrangea macrophylla*
郁金香*Tulipa gesneriana*
月季*Rosa chinensis*
玫瑰*Rosa rugosa*
羽扇豆*Lupinus polyphyllus*
鸢尾*Iris tectorum*
鸭嘴花*Justicia adhatoda*
朱顶红*Hippeastrum rutilum*
醉蝶花*Tarenaya hassleriana*
栀子*Gardenia jasminoides*

观叶植物（71种）

龙血树*Dracaena draco*
朱蕉*Cordyline fruticosa*
香龙血树*Dracaena fragrans*
金心龙血树*Dracaena ragrans* 'Massangeana'
金边龙血树*Dracaena ragrans* 'Victoria'
锦龙血树*Dracaena deremensis*
银边铁*Dracaena deremensis* 'Warneckii'
白纹龙血树*Dracaena deremensis* 'Longii'
黄绿纹龙血树*Dracaena deremensis* 'Roehrs Gold'
富贵竹*Dracaena sanderiana*

金边富贵竹*Dracaena sanderiana* 'Golden edge'
银边富贵竹*Dracaena sanderiana* 'Margaret'
银心富贵竹*Dracaena sanderiana* 'Margaret Berkery'
百合竹*Dracaena reflexa*
黄边百合竹*Dracaena reflexa* 'Variegata'
线叶龙血树*Dracaena marginata*
三色线叶龙血树*Dracaena marginata* 'Tricolor'
星点木*Dracaena godseffiana*
驱蚊香草*Pelargonium graveolens*

薄荷Mentha canadensis

一摸香（碰碰香）Plectranthus hadiensis var. tomentosus

马拉巴栗Pachira glabra

广东万年青Aglaonema modestum

旱伞草Cyperus involucratus

含羞草Mimosa pudica

活血丹（连钱草）Glechoma longituba

欧活血丹Glechoma hederacea

白透骨消Glechoma biondiana

假叶树Ruscus aculeatus

蕨Pteridium aquilinum var. latiusculum

肾蕨Nephrolepis cordifolia

铁线蕨Adiantum capillus-veneris

全缘贯众Cyrtomium falcatum

波士顿蕨Nephrolepis exaltata

鸟巢蕨Asplenium nidus

荚果蕨Matteuccia struthiopteris

蹄盖蕨Athyrium filix-femina

金毛狗Cibotium barometz

观音座莲属Angiopteris Hoffm.

鹿角蕨Platycerium wallichii

桫椤Alsophila spinulosa

卷柏Selaginella tamariscina

石韦Pyrrosia lingua

绿萝吊兰Epipremnum aureum

黄金葛Epipremnum aureum

迷迭香Rosmarinus officinalis

菩提树Ficus religiosa

山麦冬Liriope spicata

麦冬Ophiopogon japonicus

水果兰（灌丛石蚕）Teucrium fruitcans

铜钱草Hydrocotyle vulgaris

文竹Asparagus setaceus

橡皮树Ficus elastica

薰衣草Lavandula angustifolia

羽叶薰衣草Lavandula Pinnatu

齿叶薰衣草Lavandula dentata

狭叶薰衣草Lavandula anguistifolia

宽叶薰衣草Lavandula latifolia

法国薰衣草Lavandula stoechas

鸭脚木Heptapleurum heptaphyllum

一品红Euphorbia pulcherrima

玉簪Hosta plantaginea

叶子花Bougainvillea spectabilis

竹芋Maranta arundinacea

斑叶竹芋Maranta arundinacea var. variegata

花叶竹芋Maranta bicolor

青苹果竹芋Goeppertia orbifolia

孔雀竹芋Goeppertia makoyana

玫瑰竹芋Goeppertia roseopicta

美丽肖竹芋Calathea veitchiana

箭羽竹芋Goeppertia insignis

观果植物（8种）

草莓Fragaria × ananassa

金桔Citrus japonica

代代Citrus × aurantium 'Daldai'

杨梅Morella rubra

无花果Ficus carica

珊瑚豆Solanum pseudocapsicum

石榴Punica granatum

朱砂根Ardisia crenata

多肉植物（21种）

吊金钱 Ceropegia woodii
金边虎皮兰 Sansevieria trifasciata var. laurentii
虎皮兰 Sansevieria trifasciata
虎刺梅 Euphorbia milii
圆叶椒草 Peperomia obtusifolia
鸡蛋花 Plumeria rubra
金琥 Echinocactus grusonii
库拉索芦荟 Aloe vera
木立芦荟 Aloe arborescens
球兰 Hoya carnosa
沙漠玫瑰 Adenium obesum
三棱箭 Hylocereus undatus
石莲花 Echeveria secunda
生石花 Lithops pseudotruncatella
昙花 Epiphyllum oxypetalum
令箭荷花 Nopalxochia ackermannii
熊童子 Cotyledon tomentosa
蟹爪兰 Schlumbergera truncata
燕子掌 Crassula ovata
玉树 Crassula arborescens
长寿花 Kalanchoe blossfeldiana

其他（17种）

文殊兰 Crinum asiaticum var. sinicum
铁筷子属 Helleborus L.
铁筷子 Helleborus thibetanus
羽衣甘蓝 Brassica oleracea var. acephala
紫苏 Perilla frutescens
菊苣 Cichorium intybus
金银花 Lonicera japonica
芦笋（石刁柏）Asparagus officinalis
仙人掌 Opuntia dillenii
莴笋 Lactuca sativa var. angustata
马齿苋 Portulaca oleracea L.
瓶子草属 Sarracenia L.
猪笼草 Nepenthes mirabilis
茅膏菜 Drosera peltata
捕蝇草 Dionaea muscipula
捕虫堇 Pinguicula vulgaris L.
狸藻 Utricularia vulgaris L.

参考文献

[1] 李艳. 不同营养液及其pH值对欧洲报春生长及光合速率的影响 [J]. 西北林学院学报，2007（02）：33-36.

[2] 李艳. 栽培基质对欧洲报春生长发育的影响 [J]. 园艺学报，2007（01）：237-238.

[3] 刘安成. 我国大丽花园艺学研究进展 [J]. 北方园艺，2010（11）：225-228.

[4] 庞长民. pH和光照对盆栽多叶羽扇豆生长发育的影响 [J]. 西南大学学报，2008（06）：78-81.

[5] 王庆. 高温胁迫对多叶羽扇豆生长及生理指标的影响 [J]. 北方园艺，2013（24）：52-54.

[6] 王庆. 西安地区天竺葵引种栽培技术研究 [J]. 陕西农业科学，2018，64（01）：27-29.

[7] 刘国宇. 鸭嘴花扦插繁殖技术研究 [J]. 湖北农业科学，2018，57（13）：52-55.

[8] 李艳. 4种地被植物干旱胁迫下的生理响应及抗旱性评价 [J]. 中南林业科技大学学报：自然科学版，2019，39（06）：9-15.

[9] 王庆. 基质理化性质对菩提树容器苗的生长效应 [J]. 西北林学院学报，2021，36（05）：88-93.

[10] 王庆. 水果兰耐阴性研究 [J]. 西北林学院学报，35（04）：56-60.

[11] 赵雪艳. 铁筷子种胚形态后熟过程的解剖学研究 [J]. 陕西农业科学，2021，67（08）：56-58.

[12] 刘安成. 观赏石榴品种及栽培技术 [J]. 陕西农业科学，2017，63（06）：91-93.